21世纪高等职业教育电子信息类规划教材

国家示范校重点专业建设成果教材

C程序设计
实践教程

■ 于京 吴振宇 编著

人民邮电出版社

北 京

图书在版编目（CIP）数据

C程序设计实践教程 / 于京，吴振宇　编著. -- 北京 : 人民邮电出版社，2015.4
21世纪高等职业教育电子信息类规划教材
ISBN 978-7-115-35514-0

Ⅰ. ①C… Ⅱ. ①于… ②吴… Ⅲ. ①C语言－程序设计－高等职业教育－教材 Ⅳ. ①TP312

中国版本图书馆CIP数据核字(2014)第268065号

内 容 提 要

C语言是一门经典的程序设计语言，具有简洁、高效、功能强大的特点，因此至今仍然被广泛应用。由于历史传承的原因，很多新的计算机语言也是类 C 的，所以无论从实际使用还是从学习计算机程序设计角度考虑，学习 C 语言都是很好的选择。

为了更好地引导读者学习 C 语言，本书作者总结多年的编程和教学经验，特别设计了一个贴近编程实际需求的全新组织结构，原创了大量有实际指导意义和说明编程技巧的案例，对 C 语言程序设计的方法进行了实例讲解，相信这样可以提高读者的学习效率。

本书可以用作 C 语言以及程序设计基础类教材，供职业技术院校师生和希望自学 C 语言程序设计的读者参考阅读。

◆ 编　　著　于 京　吴振宇
　　责任编辑　王朝辉
　　责任印制　彭志环

◆ 人民邮电出版社出版发行　　北京市丰台区成寿寺路 11 号
　　邮编　100164　电子邮件　315@ptpress.com.cn
　　网址　http://www.ptpress.com.cn
　　北京昌平百善印刷厂印刷

◆ 开本：787×1092　1/16
　　印张：12.25
　　字数：314 千字　　　　　　2015 年 4 月第 1 版
　　印数：1-3 000 册　　　　　2015 年 4 月北京第 1 次印刷

定价：29.00 元
读者服务热线：(010)81055410　印装质量热线：(010)81055316
反盗版热线：(010)81055315
广告经营许可证：京崇工商广字第 0021 号

前言

本书旨在用最短的篇幅引导读者学会 C 语言编程。虽然目前市面上已经有各种教材指导读者学习这门编程语言，但是本书的编写方式和学习路径安排与其他教材相比还是有鲜明特点的。第一，本书专为从零起步学习用 C 语言编程的读者设计，因为 C 语言的内涵太丰富了，如果全覆盖不太适合初学者，所以本书的讨论范畴并未覆盖 C 语言的全部细节。第二，本书对有些内容——例如程序的结构、指针与函数的应用方法（注意：是应用方法而不是使用格式）——讨论得比较深入，这有利于读者编写出一个高质量的程序。第三，本书的章节安排有特色，比如在第 1 章就教读者利用函数编写程序，在介绍数组的同时也介绍了结构体，这样编排的目的是促使读者从需求和程序架构的角度看待这些零散的知识，而不是从"字典"的角度。第四，如果参照"字典式"的教材的提法，本书更像"用法字典"而不是"释义字典"。第五，本书未采用说明语法问题的"宇宙通用型"语法例程（这会让读者摸不到头脑），而是希望通过一些原创例程和处理方法（比如本书专业的排序架构，虽然方法还是比较初级的"选择法"，但是架构非常实用），使读者从一开始编程时就适应和养成比较专业与正规的思路。

本书通过一系列有实际意义的案例将 C 语言的语法知识和技术要点变为解决问题的工具；并且为了使读者抓住学习的重点，不至于在纷杂的内容中失去方向，作者特别将一些知识的细节做了"屏蔽"，这样安排有利于让读者尽快掌握编程的主线。根据作者的经验，C 语言的所有细枝末节的语法应用就像一座仓库，读者应当先知道自己要什么（先会编程），再去仓库找物料（运用细节的语法），反其道而行之实乃舍本逐末。相信读者不会只用一本书去掌握 C 语言的全部细节，所以本书不涉及的内容大可从其他书里查找。本书的立意就像开篇所说的，"用最短的篇幅引导读者学会 C 语言编程"，再奢望一下，"希望用最短的篇幅让读者学会编程"。其实"学"会编程只有几步，这在本书的目录中也有体现。

"学"编程必须"学"的内容	本书的内容
输出	printf
输入	scanf
划分功能块并解决重复性劳动	函数和循环
决定程序流程	if 和 switch
处理大量数据	数组
开发自定义类型	结构体

只要学会这些，就应该说"初步学会编程了"。对其他编程语言也是类似。至于多出来的内容，是为了使读者能够更高效地解决问题，毕竟"会"和"好"之间还有很大差距。而本书保持较短篇

幅的用意就是让读者从零到比较好的路程尽量短。

本书由以下几部分组成。

正文描述：特点是用一些篇幅介绍 C 语言的某些语法到底要满足什么编程需求，希望读者一定读完。

例程：除经典例程外，本书增加了许多有实际意义的原创例程供大家参考。

随堂练习：检验知识点的掌握情况，一定要读到哪里测到哪里，这样可以保持自信地继续学习。

本章小结：总结了每章的知识点，但是这里的细节描述可能比正文描述还要复杂，因为这里不需要考虑这些细节是否打断了读者的编程思路。

练习：希望大家都做一做较切合编程实际的练习。

附录：并不是可有可无的内容，它提供了一个有用的查询表。

最后还有 3 个问题需要说明一下。

第一，本书可以作为职业技术院校 C 语言教材和学习 C 语言编程的读者的自学教材。

第二，本书介绍的是 C 语言，而不是某种 C 语言，故本书使用 Windows、Linux、Mac OS X 3 类系统环境进行程序调试，这么做是为了告诉读者 C 语言是基本独立于平台的。

第三，本书为国家示范性职业院校建设资助项目，其中，于京编写第 2 章至第 9 章，吴振宇编写第 1 章、第 4 章的 4.4 节、第 5 章的 5.1～5.3 节、第 8 章的 8.1 节、第 10 章，于京负责全书统稿。在此还要感谢祝智敏、陈明、胡亦、詹晓东、路远、安宁、曹艳芬、李佳睿、江为等在本书的编写过程中给予的帮助。

作者

目录

第5章 功能完善的月历

第6章 利用二维数组和结构体处理复杂的表格

第7章 函数与数组的综合运用

第8章 利用指针提高编程效率

第9章 利用链表处理复杂表格

第10章 文件操作

附录　基本语法总结

第1章 课题的提出：打印月历

学习一门新程序设计语言的快速途径就是使用它编写程序。对于所有语言的初学者来说，接触的第一个程序几乎都是相同的，这个程序就是"Hello world!"。本章首先通过这个众所周知的程序开始整本书的讲述，然后通过一系列输入/输出的例程让读者熟悉 C 语言中输入/输出的规则以及知道如何编写一个完整的程序。

1.1 从"Hello world!"开始

"Hello world!"程序首先需要创建一个源文件，读者可以通过文本编辑器创建。在该文件中，依次输入 C 语言代码，如例程 1-1 所示。最后，将该文件保存为以.c 为后缀的文件，比如 hello.c。包含 C 代码的源文件也称为文本文件。这样我们就编辑好了一个最简单的 C 语言程序。

```
1    /*第 1 个 C 程序*/
2    #include <stdio.h>
3    #include <stdlib.h>
4    int main()
5    {
6        printf("Hello world!\n");
7        return 0;
8    }
```

例程 1-1　第 1 个 C 程序

运行上面的例程 1-1 后，将在屏幕上出现一行文字："Hello world!"。这个程序的功能十分简单，只是给用户打印一句话。通过阅读代码，我们能够猜出来程序中最核心的语句应该是位于第 6 行的：

```
printf("Hello world!\n");
```

那么，它到底应该如何使用，代码中的其他内容又是什么意思呢？下面我们就从第 1 行开始解析这个程序。

1.1.1　为程序作注释

程序的第 1 行：/*第 1 个 C 程序*/，是用一个"/*"和一个"*/"这两个对称的符号包括的一些文字，这是标准 C 语言的固定写法，表示本行文字是个注释。注释的内容不参与程序的运行，它的主要作用是向代码的阅读者做出一些解释，比如程序的主要功能、代码的编辑日志等。另外，注释可以跨越多行，例如：

```
/*
这是
多行
注释
*/
```

在 C99 标准中有一种新的注释方式"//"。目前，有一些新的编译器支持 C99 标准，可以使用这种注释方式，例如：

```
//这是一行注释
```

这种用两条斜线开头的注释方法只用于单行注释，由于注释标记"//"位于注释文字的前面，使用起来比较简单。

评价一个程序好坏的标准很多，首先是程序的源代码是否清晰易懂，其次才是程序运行的结果如何。一个结果正确但是源代码不能被别人读懂的程序是"一次性"的，很难被再利用。相反，一个可以被别人读懂的程序不论结果如何总会为其他人提供一些借鉴，而让别人读懂程序的关键之一就是勤加注释。一般来说，每个源代码的开始部分都应该有一个注释，用来说明该程序的编写目标、编写日期、作者、大体结构等。程序中的注释占到整个程序总行数的 1/4～1/3。

1.1.2 include 的作用

自从 C 语言出现以后，很多优秀的开发者使用 C 语言开发了大量的程序。经过不断的测试、完善，程序变得越来越稳健。将成熟、稳健的程序作为"函数"放在"库"中，当一个开发者需要实现相同功能的时候，就不必再重新编写代码，可以直接使用已有的代码，这样就方便了代码重用。

"include"是 C 语言的关键字之一，它提供了一种机制，能够让编程者使用其他人的成果，或者说是"站在巨人的肩膀上"。读者也可以这样设想，一门计算机语言通常会提供一系列"工具"以方便大家编程，那么如何使用这些"工具"呢？在 C 语言中将这些"工具"划分为一系列"库"，每个"库"通过头文件的形式提供给编程者使用。使用方法就是通过"include"关键字将需要使用的头文件包含进编程者自己编写的程序，比如例程 1-1 中的第 2 行：

```
#include<stdio.h>
```

这一行的含义是，本程序需要使用输出功能，因此包含标准输入/输出头文件（stdio.h 文件中包含许多输入/输出工具）。注意：头文件的文件名用尖括号"<>"括起来。这里给一个小提示，有时候我们会看到类似这样的头文件包含：

```
#include "stdio.h"
```

与给定例程 1-1 中的 include 不同的是这个文件 include 使用了双引号，这个双引号与尖括号的区别是尖括号只在指定目录搜索文件包含的目标，而双引号先搜索当前目录再搜索指定目录，简而言之，双引号的搜索范围更大。

1.1.3 main、函数与函数的组成部分

显然，main 的含义是"主要的"，"()"括号的含义是"函数"（数学中就是这样使用和表示的），连起来 main( )就是主函数的意思［本书正文为叙述方便，省去"( )"］。顾名思义，这个函数非常重要，因为 C 语言的语法规定（语法也是法，即事先指定的一系列规则），如果一个程序需要运行（真的有不需要运行的程序），那么程序中必须有且只有一个主函数。

另外，主函数也是函数，读者可以查看例程 1-1 中的第 4 行：

```
int main( )
```

我们发现在 main 前面还有一个词：int。这是一个缩写词（全称是 integer），含义是"整型数"。如此看来 int main()的含义是：定义一个主函数，主函数的类型是整型。函数的类型是指函数返回值的类型。在这里，这个值是整型的。为了加深理解，回想一下在数学中经常会遇到这样一个函数：

```
y=f(x);
```

上面的函数中，会有一个计算结果，这个结果是 y。在 C 语言中我们把这个结果 y 叫返回值。接下来看例程 1-1 中的第 7 行：

```
return 0;
```

第 7 行是一个语句。语句最明显的标志是后面的分号。在 C 语言中语句结束的标志就是分号，就如同在写文章的时候结束一句话需要使用句号一样。

"return 0;"的含义十分容易理解，返回一个值 0。在第 4 行定义了函数应该有一个整型返回值，第 7 行说明了这个返回值是 0，这是一个"应答关系"。一般情况下，函数都应该有一个返回值，当然，C 语言中允许出现无返回值的函数，例如：

```
void fun( );
```

上面的 fun 就是无返回值的函数，但是函数的返回值在错误检测等多方面都是有优势的，在以后的章节中我们会讨论关于函数返回值的问题。

第 5 行和第 8 行是一对大括号"{ }"，它们的意思很简单，即函数的边界标志，函数从"{"处开始至"}"处结束。

1.2 | 利用 printf 输出

之前已经提到，例程 1-1 中的第 6 行"printf("Hello world!\n");"是核心部分。这是一个格式化输出函数的调用语句，它使用（术语称为"调用"）了标准输出函数 printf，将一个字符串输出到标准设备（屏幕）上。它可以带一个字符串参数，其结果就是在屏幕上输出这个字符串，第 6 行的输出是：

```
Hello world!（换行符）
```

之所以换行是因为字符串的最后有一个"\n"，它的意思是"newline"（换行）。这种斜杠加一个字符的形式被称为"转义字符"。转义字符是不可见的字符，不可见字符不会显示于屏幕，但通常用来表示一些格式。表 1-1 列出了一些常见的转义字符。

表 1-1　　　　　　　　　　　　　一些常见的转义字符

转 义 字 符	含 义
\n	换行符
\t	水平换行符
\b	回退符
\"	双引号被 C 语言用来作为字符串边界标志，所以如果字符串内部出现双引号，则用\"来表示
\'	单引号被 C 语言用来作为字符边界标志，所以如果需要单个单引号字符，则用\'来表示
\\	正常输出一个斜杠

另外，printf 是一个系统函数，专门用来进行格式化输出，但是我们并没有编写代码实现这个函数，那为什么能使用这个函数呢？原因在于之前介绍的"#include<stdio.h>"，包含头文件"<stdio.h>"中的一系列标准输入/输出函数，其中包括 printf。

现在利用 printf 进行说明。通过"Hello world!"的例子我们知道，printf 可以打印一个字符到屏幕上，如果需要换行我们可以使用 printf 打印一个换行字符"\n"。那么，如果想打印形如："日　一二　三　四　五　六"的月历标题应该怎么做呢？答案是一系列打印，如例程 1-2 所示。

```
1      /*打印月历*/
2      #include<stdio.h>
3      #include<stdlib.h>
4      int main() {
5          printf("日");
6          printf(" "); //打印一个空格
7          printf("一");
8          printf(" ");
9          printf("二");
10         printf(" ");
11         …………
12         printf("六");
13         printf(" ");
14         printf("\n");
15         …………
16         return 0;
17     }
```

例程 1-2　打印月历的标题

这样打印，可以打印出来月历标题的效果，但这样使用 printf 很麻烦，应将所有 printf 合成为一个：printf（"日　一　二　三　四　五　六"）;。

1.3　利用函数可以简化编程

从上一节的例程 1-2 中可以发现，打印一行，就已经要 printf 十几次了。这样打印一个月历，就会打印几十次，整个源文件里全部是 printf 的重复了。这种程序不仅让人眼花缭乱，而且可读性差。那么有没有比较好的办法呢？

通过分析例程 1-2 我们发现，这个月历一共有 6 行。那么，我们可以一行行地进行打印，这样看起来结构更加清晰、简单，如例程 1-3 所示。

读者不仅可以调用 C 标准库提供的函数，也可以定义自己的函数。事实上定义自己的函数并不是新内容，比如例子中定义的 main 函数。main 函数的特殊之处在于执行程序时它自动被操作系统调用，操作系统就认准了 main 这个名字，除了名字特殊之外，main 函数和别的函数没有区别。

看看这次的 main 函数，它里面调用了我们定义的 6 个函数。其中，printTitle、printLine1、printLine2、printLine3、printLine4、printLine5 都是我们起的名字，这些名字都能反映出来这个函数要做的事情。比如 printTitle 就是打印一个标题，printLine1 就是打印第 1 行。而在源文件的其他部分，需要有这 6 个函数的实现，为了节省空间我们只是示例了 printTitle。同时，我们定义了一个函数——printfSpace，用于打印空格，这样在函数中如果需要打印一个空格，就可以直接调用 printfSpace。

```
1    /*打印月历*/
2    #include<stdio.h>
3    #include<stdlib.h>
4    void printfSpace(){
5        printf(" "); //打印一个空格
6    }
7    void printTitle(){
8        printf("日");
9        printfSpace();
10       printf("一");
11       printfSpace();
12       printf("二");
13       printfSpace();
14       …………..
15       printf("六");
16       printfSpace();
17       printf("\n");
18   }
19   int main() {
20       printTitle();
21       printLine1();
22       printLine2();
23       printLine3();
24       printLine4();
25       printLine5();
26       return 0;
27   }
```

例程 1-3　使用函数简化编程

这里，读者可以体会一下函数的最主要作用，即组织代码，提高代码的可读性，就跟我们写文章时，通过分段来提高文章的可读性一样。函数如同文章中的段落，每个函数实现一个基本的功能。然后通过函数之间的调用关系实现一个有意义的大的功能。读代码和读文章不一样，按从上到下、从左到右的顺序读代码未必是最好的，代码也有它的阅读顺序。比如上面的例子，按源文件的顺序应该是先看 printfSpace，再看 printTitle，然后看 main。但是，这种阅读方法，不能让我们知道程序要实现的整个功能。如果换一个角度，按代码的执行顺序来读也许会更好：首先执行的是 main 函数中的语句，在 printTitle 之后调用了 printLine1、printLine2 等，知道这是在打印一个标题和 6 行。这时再去看 printTitle 的定义，其中又调用了 printfSpace，这时再去看 printfSpace 的定义，里面有一条 printf。这样就是一个比较有意义的阅读顺序。

有些读者或许会问，为什么在上面我们说定义了函数？在 C 语言中，有两个与函数有关的很重要的概念，即"声明"和"定义"。"声明"只是告诉编译器有这样一个函数，不一定有其具体实现。例如：

```
void printfTitle();
```

5

这种写法只能叫函数"声明",而不能叫函数"定义",只有带函数体的"声明"才叫"定义"。一般将"声明"放在头文件中,而将"定义"存放在.c 源文件中。

通过函数的方式,程序更具有可读性,同时更容易维护。比如,若要修改第 4 行打印的方法,那么直接在 printLine4 这个函数中进行修改。通过这个例子可以看到,函数可以让程序更加简洁。更具体的函数使用方法我们会在后面的章节中讲解。

1.4 程序的运行过程

前面在讲解"Hello world!"程序的时候提到,可以通过一个编译器将代码输入到一个以.c 为后缀的文件中。这只是刚刚完成了第 1 步。难道输入完这些代码之后,就可以得到我们需要的结果了吗?从文本代码到一个真正的应用程序之间是一个怎样的转换过程呢?本节我们作一个简单的介绍,如图 1-1 所示。

图 1-1 文本代码到应用程序的转换过程

一般来说,写完一个源文件之后要对其进行编译,编译器负责将一个源程序转换为可执行的程序。预处理负责处理源文件中的#include,比如在我们的例子中,会将两个头文件包含到程序文本中。然后进行编译,编译阶段会检查所写的代码中的语法错误。编译成功后生成一个目标文件,比如 hello.o。最后,因为应用程序里面使用的 printf 是在系统的库里的函数,编译器将这两个以.o 为后缀的文件链接之后生成可执行的程序"hello"。这里,"hello"就是我们最终得到的可执行程序。

许多厂商和组织为了让程序员的开发过程更便捷,提供了一系列开发工具。业界将把开发、编译、运行、源文件及项目管理功能组合为一个开发软件的开发工具称为"集成开发环境",简称为 IDE。下面举一个应用 IDE 工具(DEV C++)的具体案例,来说明开发和运行一个 C 语言程序项目的过程。

步骤一:创建新项目。点击左上角菜单栏的"File→New→Project",如图 1-2 所示。

图 1-2 建立新项目

步骤二：编辑项目名称 HelloWorld，确定项目类型为 C 语言项目。这里以控制台输出为例，选择完后点击"OK"，如图 1-3 所示。

图 1-3　设定项目名称

步骤三：创建应用程序。右击项目名称，选择"New File"。右击创建好的新文件，选择"Rename file"。在弹出的对话框中编辑名称，如图 1-4 所示。

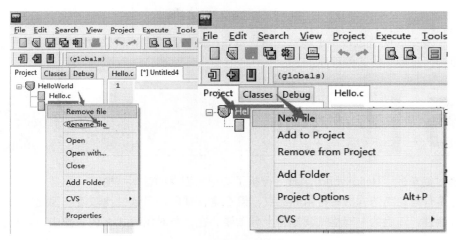

图 1-4　为项目添加文件

步骤四：打开文件，编辑源文件，如图 1-5 所示。

图 1-5　编辑源文件

步骤五：编译运行。先点击编译按钮编译程序，再点击运行按钮（具体位置见图 1-6 ）。

File Edit Search View Project Execute Tools CVS Window Help
编译
HelloV
File Edit Search View Project Execute Tools CVS Window Help
运行

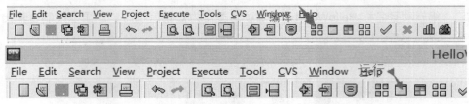

图 1-6　编译与运行按钮

调试与异常处理。有很多原因会造成程序无法编译或无法运行，这种情况被称为编译异常。当程序出现编译异常时就需要手动调错。编译器会把程序的异常信息显示在编译器的异常信息控制台。控制台会报告异常出现的方法、所在行、出现异常的文件，以及出现异常的原因（见图 1-7 中的箭头位置）。修改异常后，回到步骤五，重新编译运行。

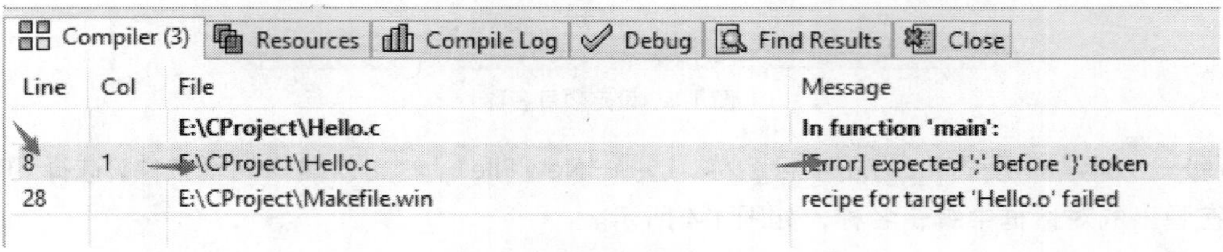

Compiler (3)
Resources
Compile Log
Debug
Find Results
Close
Line Col File Message
E:\CProject\Hello.c In function 'main':
8 1 E:\CProject\Hello.c [Error] expected ';' before '}' token
28 E:\CProject\Makefile.win recipe for target 'Hello.o' failed

图 1-7　编译器提供的错误信息

编程是个复杂的创造过程，乐趣就在纠正错误和克服困难中，只要勤加练习，就可以开发出可读性强、简洁、正确、优雅的程序。

1.5 本章小结

本章通过简单的“Hello world！”程序分析了 C 语言程序的基本结构。

C 语言具有语句简洁、书写自由的优点，但 C 语言程序的可读性比较差。因此，为了增强 C 语言程序的可读性，正确的书写格式就显得十分重要。在之前对例程 1-1 的讲解中，我们知道，为源代码添加注释可以提高代码的可读性。

另外，需要保持一个良好的书写规范。读者可以查看例程 1-1。除了第 6 行和第 7 行，其他每行都开头对齐。显然，第 6 行和第 7 行与其他行不一样，所以，前面增加了空白。这两行是 main 函数中的语句，所以空白是为了告诉阅读者两行和 main 的关系。这个空白可以通过空格对齐。

同时，起一个很好的名字也是增加程序可读性的重要方法。在例程 1-1 中，看到 main、return、print，就很容易知道它们的含义。

“Hello world！”程序放在一个以.c 为后缀的源文件中。这里需要注意的是，一个程序不一定只有一个源文件，它可能包含多个源文件，当然，这些源文件中还可能包括我们前面讲到的以.h 为后缀的头文件。一般来说，每个源文件实现一个具体的子功能。在一个源文件中，可以定义一个或者多个函数，但是，一个应用程序只能有一个名字为“main”的函数，因为应用程序只能有一个入口。

其中，在实现文件（.c）中，可以包含头文件（自己定义的或者系统库中的），然后使用头文件中提供的函数。一般来说，在实现文件中包含函数的具体实现，在头文件中包含函数的声明，因为这些头文件需要提供给其他实现文件使用。所以，我们在编写 C 语言程序的时候，一方面要组织好文件的结构，比如哪几个文件实现什么样的功能；另一方面在每个具体的文件中也要组织好代码的结构。通过前面的分析我们知道，一个顺序很好的函数调用关系，可以方便阅读者阅读，而复杂混乱的调用关系会给代码的维护造成不便。同时，给代码添加必要的注释也是一个很好的编程习惯。

我们对函数有以下简单的总结。（1）同一个函数可以被多次调用。（2）可以用一个函数调用另一个函数，后者再去调用第 3 个函数，函数可以直接顺序调用。（3）通过自定义函数可以给一组复杂的操作起一个简单的名字，例如 printTitle 等。对于 main 函数来说，只需要通过 printTitle 这个简单的名字来调用就行了，不必知道具体打印怎么做，所有的复杂操作都被隐藏在 threeline 这个名字后面。（4）使用自定义函数可以使代码更简洁。

1.6 练习

习题 1：编写一个主函数，利用 printf 在屏幕上画出一个电话键盘。提示：横线用 "-"、直角用 "+"、竖线可用 "|" 表示。

习题 2：编写一个程序，打印下面的表格。请利用自定义函数使程序看起来更加简洁易懂。

```
+---------+----------+---------------+--------------------------+
|  序号   |  姓名    |    电话       |           住址           |
+---------+----------+---------------+--------------------------+
|   1     |  张三    |  861234567    |        沈阳北大营        |
+---------+----------+---------------+--------------------------+
|   2     |  李四    |  010-78123456 |     中国北京大北窑 CBD   |
+---------+----------+---------------+--------------------------+
|   3     |  王五    |  021-12321999 |   上海外滩向东 100 千米  |
+---------+----------+---------------+--------------------------+
|   4     |  赵六    |  54321099     |      中国东北  漠河      |
+---------+----------+---------------+--------------------------+
```

第2章 变量与运算

　　计算机编程语言中有一些基本要素和概念，包括数据类型、变量、常量、输入/输出的格式等。这些要素之间没有什么逻辑性可言，所以学习起来会比较枯燥，可以说本章介绍的是 C 语言中最枯燥的内容。这里用两个简单的案例说明为什么要使用这些"零碎"的概念，希望读者坚持下来，将所有的例题都动手做一下，并且按照自己的想法或例题后的提示修改一下，相信你会有非常大的收获。

2.1 变量与变量的输入

2.1.1 利用 printf 输出数据

　　本小节我们从一个求圆形面积的案例入手，介绍 C 语言的数据类型定义和输入/输出的概念。

　　【例 2-1】编写一个程序，用户输入圆形半径，程序经过计算，输出圆形的面积。

　　分析：首先圆的面积是 π 与半径的平方相乘的积。依据惯常的做法用 S 来表示圆的面积，r 来表示半径，求圆面积的数学表达式可以表示为：

$S=π× r^2$

　　为了说明问题时更简单，暂且不使用平方这种先进的书写方式，而改用连乘的方式，那么上面的公式就变成：

$S=π× r × r$

　　这样圆的面积就变成了 3 个数的乘积。但是，键盘上打不出来 π 这个字符，所以，我们用 pi 来代替 π，于是公式变成了：

$S=pi × r × r$

　　接下来，乘号"×"也找不到对吗？在 C 语言中用"*"表示乘号，所以，公式又变成了：

$S=pi * r * r$

　　这下我们可以方便地用键盘输入，从而完成这个公式了。现在考虑一下 pi 的值，暂时用 3.14。为简化程序，暂定圆的半径为 3，我们求圆的面积应该通过如下的方法：

$S=3.14* 3 * 3$

　　这是一个简单的公式计算问题。来看一下程序清单，如例程 2-1 所示。

```
1    #include   <stdio.h>
2    int main(){
3        float s,pi=3.14;   //用变量 s 来存储圆的面积,确定圆周率是 3.14
4        int r;
5        r=3;               //设定半径为 3
6        s=pi*r*r;
7        printf("圆的面积是 s=%5.2f",s);   //%5.2f 是一种输出格式,表示输出两位小数
8        return 0;
9    }
```

例程 2-1　计算圆的面积

读者可以回忆一下我们是如何编写、运行 "Hello world!" 程序的，然后，用同样的方法编写、运行以上程序。本程序的输出是：

```
圆的面积是 s=28.26
```

随堂练习

如果需要将输出改为 "半径为 3 的圆的面积是 s=28.26"，请写出你的修改方案。

在例程 2-1 中，pi 是一个浮点数（即日常生活中所说的带小数点的数），完成圆面积计算功能就需要一个数据来表示 3.14，这个数据应该是浮点数类型。在 C 语言中将这个数据称为变量，将 3.14 称为变量值。一个变量应该有一个名字，它在内存中占有一定的内存空间。不同类型的变量占有的内存空间大小不一样。变量可以这样声明和赋值：

```
float pi;
pi=3.14;
```

上面两句的含义是：定义一个浮点型变量，名字为 pi，它的类型是 float，定义成功后将其赋值为 3.14。当然，也可以给这个变量起一个其他的合法名字。那什么是合法的名字呢？首先，C 语言中将用户自定义的各种名字如变量名、函数名等都称为标识符，合法的标识符应该具备以下条件：由字母、数字和下画线组成，并以字母或数字开始且不是 C 语言的保留字。另外，该变量的类型是 float。float 是 C 语言的保留关键字，用于表示浮点类型。当然，C 语言还包括其他类型的关键字，在之后会有详细介绍。

C 语言对变量的使用方法是 "先定义，再使用"，也就是说，要使用一个变量保存数据，需要先为这个数据起一个合法的标识符，同时定义这个数据的类型，然后再使用这个变量处理数据。这样的解释似乎比较学术，也可以打个比方来帮助理解，即：想使用一个 "东西"（变量），必须先找到一个能装得下这个东西的容器（定义合适的类型，因为不同类型占用的内存大小不一样），并为这个 "东西" 取一个合适的名字（不要出现重名或其他不可理解的现象）。

前面指出为了使问题简单化，暂时设定圆的半径是 3，即：

```
int r;
r=3;
```

这个定义和前面的不同之处在于，将 "float" 换成了 "int"。"int" 和 "float" 一样，也是 C 语言中的一种数据类型，称为整型，也就是说若要定义整型数据则使用 "int" 作为类型名。

到此为止，我们定义了圆周率 pi，定义了半径 r。根据以前学习的数学知识，我们可以通过这些变量中的值计算出圆的面积了（通过公式 pi*r*r）。通过 C 语言，计算机也可以完成这个计算，得到圆形的面积。但是，这个值放在哪里呢？是不是需要另外一个地方来保存计算得到的结果呢？是

的，否则，我们就不知道到哪里去取回计算得到的面积。那么，面积应该是个怎样的数据呢？一般来说，它是浮点型的（因为它是圆周率和半径的乘积，应该也是一个带小数点的浮点类型数据），所以，有以下定义，我们使用变量 s 来保存计算结果：

```
float s;
```

在例程 2-1 中使用了下面的定义方式：

```
float s,pi=3.14;
```

这种定义与前面的定义方式又不一样。读者对比一下就会发现，s 后面有一个 "，"，然后，"pi=3.14"，这是怎样的一种定义方式呢？这句话定义了两个浮点型变量——s 和 pi。pi 的定义有些特别，定义该变量的同时给定了一个初始值 3.14，这是一个常用的技巧，等效于下面两行程序：

```
float s, pi;
pi=3.14;
```

也等同于以下定义：

```
float s;
float pi;
pi=3.14;
```

对确定的数值，在定义时直接赋初值是一个非常好的习惯。但是有一个问题需要注意，请看下面的语句：

```
int a=b=c=0;
```

这样做是错误的，至于错误的原因我们会在后面的章节中说明，正确的写法如下：

```
int a=0,b=0,c=0;
```

或：

```
int a,b,c;
a=b=c=0;
```

也就是说，定义时分别赋初值是可以的，定义后用 "连等" 的方式赋初值也是可以的，唯一不能做的就是在定义的同时用 "连等的方法赋初值"。

例程 2-1 中，第 6 行使用 pi 和半径的连乘来计算圆的面积，pi*r*r 之后得到一个浮点类型的值，然后将这个值赋给前面定义的变量 s，这样如果我们需要去访问圆形的面积的值，直接通过 s 就可以得到这个值了，计算圆的面积过程如下：

```
s=pi*r*r;
```

然后，使用 printf 函数将面积值 s 输出：

```
printf("圆的面积是 s=%5.2f",s);
```

这个程序的输出如下："圆的面积是 s=28.26"。比较程序中的代码可以发现，除了 "%5.2f" 换成了具体的数字以外，其他内容都按照代码原样输出了。这里，"%5.2f" 是 printf 函数的一个用法，用于格式化输出。在这里指以宽度为 5 输出圆的面积值，其中小数点之后保留 2 位。更多的格式化输出，在后面会有详细的讲解。

程序的最后一句话 "return 0;" 表示 "现在主函数可以结束了"。好奇的读者也许会问："return 1;" 或者 "return 5;" 可以吗？简单的回答是：在这里效果是一样的，一般来说习惯用 0 加在 return 后面表达 "程序执行到此未出错误" 的含义。

2.1.2　数据类型

根据上面项目的实践，我们对 C 语言中的几个基本概念，如数据类型、变量、运算符有了一个初步的了解。本节对数据类型作一个总结，这些细碎的概念对想学习 C 语言编程的读者来说是必须要掌握的。

我们可以把常用的数据分成两大类，即：数值和字符（串）。比如 136、1.56 就是数值，而"我爱北京天安门""abcd1346efg"就是字符串。当然，还可以进行更详细的分类，比如数值还可以分成整数和带小数点的数，这在计算机的范畴中被称为整型数和浮点数。为了更利于计算机的运行（不是为了我们使用的方便），还可以进行更加细致的分类，如表 2-1 所示。

表 2-1　　　　　　　　　　　简单而常用的数据类型分类

类　　别		中 文 名 称	C 语言的保留字	释义与举例
数值	整型	标准整型	int	整型−32768～32767 之间的整数
		无符号整型	unsigned int	0～65535 之间的整数
		长整型	long	−2^{32}～2^{32}−1 之间的整数
	浮点型	单精度浮点	float	7 位有效数字的浮点数
		双精度浮点	double	14 位有效数字的浮点数
字符（串）	字符型	字符（单个字符）	char	单个字符如 'A' '1'（注意：字符用单引号）
		字符数组（字符串）	char[]	如 "北京" "Guangdong"（注意：字符串用双引号）

标准整型数在 C 语言中用 int 来表示。标准整型数只能用来表达−32768～32767 之间的整数，也就是说，35000 这个数据不能用整型来表示。计算机使用二进制来表示数据，我们看到的数字 3、10 等，都会通过计算机表示成二进制的形式。整型数据的范围用 2 的幂来表示是：$-2^{16}～2^{16}-1$，也就是说这个整型数据在计算机中占用 16 个二进制位，即为 16 位数据，也可以说该数据使用 2 字节的空间。

上面这段话出现了一些术语，比如"位""字节"，希望大家学会使用，毕竟使用术语交流是行业内的习惯。"位（bit）"是计算机中最小的数据长度单位。位的状态只能是 0 或 1。"字节（Byte）"也是存储空间的基本计量单位，每一字节由 8 个二进制位构成，或者说由 8bit 组成。1 字节可以储存 1 个英文字母或者半个汉字，换句话说，1 个汉字占据 2 字节的存储空间。

无符号整型数在 C 语言中用 unsigned int 来表示。无符号整型数只能用来表达 0～65535 之间的整数。无符号整型数据的范围用 2 的幂来表示是：$0～2^{16}-1$。它也是个使用 2 字节的数据。

长整型数在 C 语言中用 long 来表示。长整型数用来表达$-2^{32}～2^{32}-1$之间的整数，它的十进制形式太长，所以就不展开写了，可以看出来它是个 4 字节的数据。

单精度数在 C 语言中用 float 来表示。它可以表示有小数点的数字，但是它只有 7 位有效数字，float 是个 4 字节的数据。

双精度数在 C 语言中用 double 来表示。它可以表示有小数点的数字，不同于 float，它有 14 位有效数字，double 是个 8 字节的数据。

字符在 C 语言中用 char 来表示。它只可以表示单个字符，并且在本书和所有 C 语言的范畴中单引号专门用来处理字符，如 'A' 'b' 等。char 是最短的数据，只有 8 位，即 1 字节。

字符数组（字符串）：C 语言中用 char 型的数组（数组可以看作具有相同数据类型的多个数据

的集合）来表示字符串（形如 char str[]＝"Beijing"）。字符串就是多个字符的集合，在本书和所有 C 语言的范畴中双引号专门用来处理字符串，如"ABC""北京"等。特别要注意：即使双引号中只有一个字符，例如"A"，它也是一个字符串而不是一个字符。

随堂练习

下面给出了一些数据，请在数据后面的括号中填出它们可能的类型（答案可能不唯一）。

1	（　　　　）
'1'	（　　　　）
"1"	（　　　　）
1.23	（　　　　）
'a'	（　　　　）
12345.6789	（　　　　）
123456	（　　　　）
65555	（　　　　）

2.1.3　合法声明的补充说明

根据数据的用途我们将数据分为变量和常量，顾名思义，变量可以改变其值，而常量的值是不能改变的。但无论怎样，在 C 语言中都要先定义类型再使用，所以 C 语言也叫"强类型语言"，比如例程 2-1 中的这 3 句：

```
float s,pi=3.14;
    int r;
        r=3;
```

例程 2-1 主要说明了变量的定义方法和使用方法。相信读者对变量（标识符）的命名规则已有所了解了，不过还有一个问题：变量名多长（变量名最长可以包含多少个字符）合适呢？变量名长一些可以提高程序的可读性，比如：float salary;一目了然，这一定是一个和工资有关的变量。而如果定义成 float s;那就不能立刻知道这个变量的作用了，也许通过程序的上下文才能够知道。但是 C 语言对变量命名的长度有限制。

最早的命名长度是 8 个字符，C90 标准（C90 标准以及后面的 C99 标准都是 C 语言的具体实现标准）的命名长度增长到 31 个字符，C99 标准中更是将变量的命名长度增长到 63 个字符。如果变量的命名超过规定长度，那么系统将自动将长度超出部分抛弃。例如在 8 字符的命名标准中 age_of_my_mother 和 age_of_my_father 是一个变量，重复定义变量会产生错误。由于有些 C 语言的编译环境还不支持 C99 标准，所以一般来说现在用不超过 31 个字符比较保险（而且也够用了）。例如下面的名字都比较好：

```
float my_salary , area_of_my_home;
```

看到了吗？变量的名字中可以用下画线代替空格，总之变量的名字一定要容易懂。一般的规则是：如果一个变量需要在 5 行以后还使用，那么一定要给它定义一个有意义且好理解的名字。

2.1.4　定义常量

设立常量来保存不需要或不想被更改的数据，比如例程 2-1 中定义了 pi 的值是 3.14，但是会不会有这样的可能呢？看一下例程 2-2。

```
1    #include <stdio.h>
2    int main(){
3        float s,pi=3.14;
4        int r;
5        r=3;
6        pi=3.1415;
7        s=pi*r*r;
8        printf("圆的面积是 s=%f",s);
9        return 0;
10   }
```

例程 2-2　求一个半径是 3 的圆的面积

例程 2-2 的输出是：圆的面积是 s=28.2735，这和例程 2-1 的输出不一样了，原因在于第 6 行："pi=3.1415;"。在事先为 pi 指定了初值的前提下，在后面的程序中，我们又给 pi 赋了新值 3.1415，以至于输出产生了变化。如果想避免预设的值被后面的程序修改，就要设常变量。它和普通变量定义的不同之处在于，在定义变量的时候使用到 const 修饰符。我们用 const 来修饰 pi 的定义，如例程 2-3 所示。

```
1    #include <stdio.h>
2    int main(){
3        float s;
4        const float pi=3.14;
5        int r;
6        r=3;
7        /*pi=3.1415;     如果再写这句话,那么编译时将会出现错误*/
8        s=pi*r*r;
9        printf("圆的面积是 s=%f",s);
10       return 0;
11   }
```

例程 2-3　利用固定的π值求一个半径是 3 的圆的面积

以 const 修饰符定义的变量，在赋初值之后是不能再次赋值的，哪怕所赋的数值是相同的，比如下面的语句也是错误的：

```
const int A=9;
    A=9;
```

随堂练习

编程题 1：分别求半径为 3 和 5 的圆的面积，并保证圆周率不可被改变。

编程题 2：分别利用圆周率 3.14 和 3.1415 求半径为 6 的圆的面积。

将常量用大写字母定义，是一般的程序书写习惯。C 语言中还有一种效果类似的方式可以代替常量定义，那就是"宏定义"。若在程序开始位置（与 #include 相同的区域）作如下宏定义：

```
#define pi 3.1415
```

则在程序中所有 pi 的含义都是 3.1415（请读者自己尝试利用宏定义修改例程 2-3），但宏定义的作用方式是在程序编译时将程序中所有 pi 的文本都变成 3.1415。

2.1.5　利用 scanf 完成变量的输入

回顾求圆面积的程序还有一个缺憾，那就是这个程序不能按照用户的需求求任意半径的圆的面积。要解决这个问题，必须用到变量的输入。

例程 2-4 所示为用户输入圆的半径，求圆的面积。

```
1     #include <stdio.h>
2     int main(){
3         float s;
4         const float pi=3.14;
5         int r;
6         scanf("%d",&r); // 这句话替换了 r=3，其意图是使用键盘读取一个用户的输入作为 r 值
7         /*pi=3.1415;     如果再写这句话,那么编译时将会出现错误*/
8         s=pi*r*r;
9         printf("圆的面积是 s=%f",s);
10        return 0;
11    }
```

例程 2-4　根据用户输入的半径值求圆的面积

这个程序和例程 2-3 在逻辑上没有任何不同，只是第 6 句将 "r=3" 替换成了 "scanf("%d",&r); // 这句话替换了 r=3，其意图是使用键盘读取一个用户的输入作为 r 值"。scanf 的使用方法比较简单，重点是格式符和地址符，但是其中的原理比较复杂。在这里，把原理讲解一下，有能力的读者可以尝试理解一下，对今后学习指针的内容还是比较有帮助的。为便于讲解，下面用表 2-2 来进行编程意图和原理的对比。

表 2-2　　　　　　　　　　　　　编程意图和原理的对比

语句 scanf("%d",&r);的解释	编 程 意 图	C 语言的原理
该语句调用了 scanf 函数	scanf 函数用来从键盘（缓冲区）读取用户输入	
scanf 函数的 "%d" 部分	%d 是类型控制符，%d 用于读取整型数	%d 用于表征要从缓冲区读取 2 字节的整型变量
scanf 函数的 "&r" 部分	表示对 r 进行输入，&是 C 语言输入时的规则，即对变量进行输入时必须使用的地址符	int 型的变量（这里是 r）在内存中占用 2 字节，其地址用&(地址符计算得出)，含义是：将读入的数据送入变量 r 所占用的内存中去

为输入不同类型的数据，scanf 函数可以使用不同的类型控制符，各种不同形式的输入如表 2-3 所示，表内所用到的变量声明如下：

```
int i,l,m,n;
float f1,f2,f3;
double dbf;
char c1,c2,ci;
```

表 2-3　　　　　　　　　　　　　不同形式的输入及变量声明

输入的示例	结果和解释
scanf("%f",&f1);	输入 1 个单精度浮点型变量 f
scanf("%f%f",&f1,&f2);	一次输入 2 个单精度浮点型变量 f1、f2，注意若两个类型控制符中间没有任何字符，则输入时键入 "回车" "空格" 或 "TAB" 键进行输入的分隔，而键入 "回车" 表示输入结束
scanf("%d%f%c",&l,&f2,&c1);	不同类型可以在一个 scanf 函数中输入

续表

输入的示例	结果和解释
scanf("%d,%f,%c",&l,&f2,&c1);	注意若类型控制符中间存在任何字符，则输入时键入同样的字符进行输入的分隔，而键入"回车"表示输入结束，此处正确的输入类似：12，35.6，A<回车>
scanf("%d%c",&ci,&n);	整型和字符型的类型控制符可以混用，但要保证输入的范围在整数 0~255 之间

printf("请用浮点数输入计算圆面积所需要的圆周率：");
 scanf("%f",&f1);
 printf("请用整数输入计算圆面积所需要的半径：");
 scanf("%d",&i);
	本书推荐的编程时所使用的输入方法，即先用 printf 函数提示，然后再输入，每次输入一个数据以减少用户的误操作

scanf("请用整数输入计算圆面积所需要的半径：%d",&i);	美好的愿望不一定有好的结果，scanf 函数不负责显示类型控制符周围的任何字符，按照本表格解释，这里需要将"请用整数输入计算圆面积所需要的半径："这些字符从键盘输入后再输入 3<回车>，这时系统才能接收到 3 这个数值，这简直是不可能的任务，因为用户运行程序时不知道编程人员在类型控制符周围写了什么内容

2.1.6　输出时的格式控制

在第 1 章和本章有很多篇幅都提到 printf 函数，这一小节将利用表 2-4 总结针对不同数据类型以及 printf 的一些格式控制方法，表 2-4 内所用到的变量声明和赋初值如下：

```
int i=1,l=23,m=156,n=7890;
float f1=12.345,f2=102.3456,f3=123.4567;
double dbf=12.3;
char c1='A',c2='b',ci=67;)
```

表 2-4 中的 M、N 表示正整数。

表 2-4　　　　　　　　　　不同形式的输出及变量声明

输出的示例	结果和解释
printf("%5d",l);　输出　　　　　25	若格式控制符的百分号后面紧跟着一个正整数 M，则输出占用 M 个空格且右对齐
printf("%-7d%d%5d", m,i,n);　输出 156　　　|　7890	若格式控制符的百分号后面紧跟着一个负整数 M，则输出占用 M 个空格且左对齐
printf("%5.2f",&f);　输出 12、35	左对齐并注意小数点占一位输出 "M.N" 的含义是输出占 M 位，其中小数部分是 N 位
printf("%-8.2f",dbf);　输出 12、30	负号表示右对齐并注意小数点占一位输出
printf("%*5.2f",&f);	处理金融等应用时在空格位补 "*" 占位

2.2 常用运算

在编程中基本运算是肯定会用到的，所以再花一些精力了解一下基本运算符和运算规则吧。前面我们介绍了数据类型以及变量和常量，这些都是为了学习如何在计算机中表示数据作铺垫。正如我们学习了一堆单词，但是这些独立的单词却无法表示我们想要表达的意思一样，在 C 语言中我们设计、定义了一堆变量，它们只是孤立的个体，因此，必须有一种机制把这些孤立的个体联系起来，使得我们的应用程序有意义。运算符就是做这种事情的。

2.2.1 算术运算符和"( )"运算符

通过变量的学习，我们知道了怎么存储一个数据，比如例程 2-1 中，我们通过一个整型的变量 r 存储圆的半径，通过赋值操作给这个变量赋一个值，使得这个变量具有意义。有了数据当然要进行运算，现实生活中最简单的运算是"加、减、乘、除"，并且按照先乘除后加减的规则进行。在 C 语言中也有相应的运算和规则，与我们现实生活中的规则是一致的。具体的例子如表 2-5 所示。

表 2-5　　　　　　　　　　　　　　　　　　算术运算

传统的算术范畴	算术的表达方式	C 语言的表达方式	注　　释
加减法（优先级低）	2+3	2+3	加法，与算术加法含义相同
	5−2	5-2	减法，与算术减法含义相同
乘除法（优先级高）	2×4	2*4	乘法，与普通乘法含义相同
	6÷3	6/3	除法，与算术除法基本相同，但需要考虑整除的问题
	7 对 3 求余	7%3	模运算，对应算术的求余运算

通过表 2-5 可以看出，C 语言的运算规则大体上与算术运算相同，最重要的就是先乘除后加减。但是，为了支持在计算机中的运算，其肯定有与普通运算不一样的地方，这里列举一些必须要注意的地方。

首先，乘除法的写法要注意。由于在计算机中没有符号"×、÷"，所以 C 语言使用以下符号区分，分别是乘法（*）、除法（/），另一种"除法"是求余（%）操作。但是求余操作只能应用于整型数据，也就是说无法对浮点型数据进行求余操作。

其次，在 C 语言中，数据类型对运算的结果影响很大，即运算结果不止取决于运算符，这也是我们之前详细讲解数据类型的原因，读者一定要仔细区分和理解数据类型。关于这一点在除法上的表现最为明显，例如：1/2 这个表达式的结果不是 0.5，而是 0，因为表达式中除法运算符的左右数据都是整型数据，那么整型与整型计算结果还是整型，而 0.5 不是整型，所以系统就自动将小数点部分省略掉。这里需要注意，是"省略"而不是四舍五入，例如，12/7 的结果是 1 而不是 2。那么，是不是我们就无法得到 0.5 这个数据了呢？读者可以先思考一下，如果我们就是需要表示 0.5 这个数据应该如何做？就像我们之前分析的，之所以省略小数部分是因为系统发现了两个参与运算的数都是整型数，那么，如果想得到小数，就让其中一个或者两个数的表示方法成为浮点型表示就可以了。比如，我们可以这样写：1.0/2、1/2.0 或者 1.0/2.0，细心的读者可以发现，1.0 和 1 其实大小是一样的，只是我们采用了不同的数据表示方法而已。

最后，数据类型对运算的影响还表现在数据类型的范围上，来看一下例程 2-5 所示的整型数据边界处数据的算术运算。

```
1    #include <stdio.h>
2    int main(){
3        int opt1,opt2;
4        opt1=32765;opt2=7;
5        printf("\n 加法的结果是:%d",opt1+opt2); /*结果不是 32772,而是？请自己验证*/
6        opt1=-32765;
7        printf("\n 减法的结果是:%d",opt1-opt2); /*结果不是-32772,而是？请自己验证*/
8        opt1=5000;
9        printf("\n 乘法的结果是:%d",opt1*opt2); /*结果不是 35000,而是？请自己验证*/
10        return 0;
11    }
```

例程 2-5　整型数据边界处数据的算术运算

出现这样的结果是因为整型数的取值区间在−32768～+32767，所以对接近取值区间的运算一定要慎重，最好选择更大范围的数据类型。那么，是不是选择"大的"数据类型一定就好呢？读者或许会说，那么我们干脆不要使用整型数据类型了，所有的都使用长整型好了。这样会不会有问题呢？前面讲到了各种数据类型，它们具有不同的长度，那么，C 语言中为什么要定义不同长度的数据类型呢？这里作一个简单的说明。大家可以试想一下，如果只需要一个杯子就可以盛下我们需要量的水，为什么要去选一个大桶呢？同理，在保证数据不会"溢出"的情况下，使用一个 int 型的变量就足够了，如果使用表示长度更大的类型变量会有什么结果？读者还记得我们在定义一个变量的时候发生了什么吗？是的，系统要给这个变量分配存储空间。如果定义一个 int 型的变量，分配 2 字节的空间；定义一个 long int 型的变量，就会分配 4 字节的内存空间。如果使用 2 字节的空间就可以完成我们需要的操作，那么多余的空间就浪费了。所以，在选择变量类型的时候，首先，要确保选择的变量类型可以正确无误地表示数据；其次，还要看我们使用的编译器支持的变量类型，比如，有的编译器中 int 类型是 2 字节，有的是 4 字节。

那么不同数据类型之间可以计算吗？当然可以，C 语言认为占用字节数多的、表达精度高的是"高级数据类型"，反之是"低级数据类型"。不同类型数据进行计算，"低级数据类型"将被转化为"高级数据类型"，例如算式 123456+1 的结果是 123457，因为 123456 显然是长整型数，与 1 进行计算会自动升级为两个长整型的计算，两个长整型计算得出的结果也是长整型，所以没有出现例程 2-5 中的越界问题。同理，1.0/2 的结果是 0.5，因为计算被升级成为浮点型的计算了。

这些是不是很麻烦？还好这一切都是"自动的"，用术语说就是"透明"的，即在不出问题的时候用户不会感觉到也不用理会这些转换规则。

说了那么多规则，实际上只要记住：整型相除只能得到整型数据（小数部分要舍弃），对有可能越界的数据要选用取值范围更大（"更高级"）的数据类型。

C 语言中有"( )"括号运算符，括号运算符是优先级最高的运算符。在算术运算过程中，如果想改变运算顺序可以利用括号"( )"，规则同四则混合运算的规则相同。比如，以下两个运算结果是不一样的。

```
3+4*5
（3+4）*5
```

2.2.2　赋值运算

赋值运算符，顾名思义，就是将一个数值赋给一个变量。注意，赋值运算只能改变变量的值。在程序里定义变量之后，系统只是给这些变量分配内存空间。如果需要给这个变量一个值，就需要赋值运算符，即 "="。在 C 语言中，这个符号不是 "等于" 的意思，它表示赋值的意思，例如：

```
int a:
a=5;
```

由于 C 语言中赋值运算的方向是从右向左，通常我们将上面一句话读为 "变量 a 赋值为 5"。从使用的角度来说，赋值运算有以下 5 条规则。（1）赋值运算符不是等号，虽然它和算术运算中的等号形式相同。（2）赋值运算符的左边必须永远是一个变量。（3）赋值运算不同于算术运算的方向从左向右，而是从右至左。（4）赋值运算符的运算优先级非常低，在 C 语言中它只比 "，" 即逗号运算符高一个等级，排倒数第 2 位。（5）赋值号右边的值就是赋值运算符所构成的表达式的值。

一般来说，这 5 条规则可以综合使用下面这种定义方式来解释：

```
int a,b,c;
a=(b=3) * (c=4);
```

对这个表达式而言，根据运算优先级应该先计算两个括号中的赋值表达式，然后计算 3*4，经过运算后再对 a 赋值，所以变量 a 的值为 12。

赋值运算中还有一种复合的赋值运算符，它由一个算术运算符和一个 "＝" 号复合而成，例如 "＋＝"，使用起来非常方便。例如表达式 "a+=2" 的含义就是 a=a+2。

常用的复合赋值运算符如表 2-6 所示。

表 2-6　　　　　　　　　　　　　常用复合赋值运算符

复合赋值运算符示例	说　　明
a+=2	a=a+2
a-=2	a=a-2
a*=2	a=a*2
a/=2	a=a/2
a%=2	a=a%2

2.2.3　关系运算和逻辑运算

C 语言有个特点，即所有表达式都可以计算出 "结果值"，甚至类似 "3<5" 这样的表达式都有确切的结果。在 C 语言中，>（大于）、>=（大于等于）、<（小于）、<=（小于等于）、==（比较是否相等）、!=（比较是否不相等）这 6 个运算符叫作关系运算符，用来计算数据的大小关系。在日常生活中，这种运算的结果应该是 "真" 或 "假"，而在 C 语言中结果里的 "真" 用数值 1 表示，而 "假" 这个结果用 0 表示。如此，表达式 "3<5" 的结果是 1，而 "43<5" 的结果是 0。常用关系运算符如表 2-7 所示。

表 2-7　　　　　　　　　　　　　　　　　　常用关系运算符

关系运算符示例	说　明
a>b	a 大于 b 时为真
a>=b	a 大于等于 b 时为真
a<b	a 小于 b 时为真
a<=b	a 小于等于 b 时为真
a==b	a 和 b 相等时为真
a!=b	a 和 b 不相等时为真

若要表达数学中的"3<x<5"这类的表达式就不能直接使用关系运算符了，设 x 的值为 10，按照数学中的思维"3<x<5"这个表达式应该为"假"，结果是 0。但是，真实的计算是这样的："3<10<5"，运算顺序由左至右，由于"3<10"先计算，且结果为 1，那么下面进行的计算就变成了"1<5"，那么结果当然为 1，这样出现了逻辑错误。

其实数学中的表达式"3<x<5"，表达的是这样的含义："x>3 且 x<5"，这个"且"在 C 语言中叫"逻辑与"，类似的运算还有"逻辑或"和"逻辑非"，如表 2-8 所示。

表 2-8　　　　　　　　　　　　　　　　　　常用逻辑运算符

逻辑运算符示例	说　明
a&&b	a 和 b 皆不为 0 时为真，否则为假
a||b	a 和 b 皆为 0 时为假，否则为真
！a	a 为 0 时为真，否则为假

在 C 语言环境下，表达式中 0 为假，所有非 0 值为真；那么"x>3 且 x<5"写成 C 语言的表达式就成了：x>3 && x<5。

在 C 语言中，关系运算符的优先级高于逻辑运算符，而在表 2-7 所示的 6 个关系运算符中前 4 个（>、>=、<、<=）又高于后 2 个（==、!=）。我们学过的所有运算的优先级排序是：括号、算术运算、关系运算、逻辑运算、赋值运算。

C 语言的这种机制带来非常大的灵活性，大家可以尝试计算以下表达式的值。

随堂练习

若有预先定义：

int x = 3，y=10，z=15;

int res;

则以下表达式的值是：

表达式 1　　res= (x>y || z>=y) +10;

表达式 2　　res= !x|| +10;

表达式 3　　res= y%2!=0;

表达式 4　　res=!(y%2);

表达式 5　　res= !y%2;

表达式 6　　res=x%2==0;

表达式 7　　res=x%2;

关系运算符和逻辑运算符常用于决定程序的运行流程，这方面的内容在后面的章节会详细讲解。

C 语言常用的运算符还有自增自减运算符、逗号运算符、条件运算符。这些运算符将在后续的章节中具体分析。

2.3 简单的函数使用

第 1 章中我们提到函数可以使程序更加具有可读性。需要反复使用的代码可以用函数"封装"然后重复调用，这使得代码效率得以提高。C 程序由函数组成。若在 A 函数中调用了 B 函数，则 A 为主调函数，B 为被调函数。

从主调函数和被调函数之间是否需要数据传送来看，可以将函数分为无参函数和有参函数两种，下面分别加以介绍。

2.3.1 不带参数且没有返回值的函数

无参函数是指函数定义、函数说明及函数调用中均不带参数，主调函数和被调函数之间不进行数据的传递。此类函数通常用来完成一个指定的功能且可以被看作一系列语句组合成的一个模块，并使用一个名字（合法标识符），以便于重复使用。运用函数的要点如下。

灰框部分用"*"字符在屏幕上输出一个"田"字图形：

```
*****
* * *
*****
* * *
*****
```

分析打印结果得知该程序可以由两个函数组成：一个可以打印 5 颗星的函数和一个打印 3 颗星的函数。

```c
#include "stdio.h"
void print3star();
void print5star();


main(){

    print5star();
    print3star();
    print5star();
    print3star();
    print5star();

}


void print3star(){
    printf("\n* * *");
```

```
}

void print5star(){
    printf("\n*****");
}
```

从例题中可以看出，函数相当于将语句块命名一个"恰如其分"的名字，以利于重复使用，同时可以提高程序的可读性。该例题也显示出定义、使用函数的基本要点，请看程序第 2 行和第 3 行的函数声明。另外，注意第 11 行～第 16 行对 print3star 以及 print5star 这两个函数的定义在 main 函数的外部，下面的章节会更加深入地分析使用函数前必须声明以及函数不可嵌套定义这两个要点。

本节只需要读者了解最简单的函数应用，至于函数的其他知识在后续章节会详细介绍。

2.3.2　带参数且有返回值的函数

有参有返回值函数也称为带参有返回值函数，常用于数据的加工处理。这种函数能够接收数据，并在处理后将结果返回。函数定义及函数声明时都有参数，并被调用时称为形式参数（简称为形参）。在函数调用时也必须给出需要传递的具体数值，称为实际参数（简称为实参）。进行函数调用时，主调函数将把实参的值传送给形参，供被调函数使用，以便完成更多的功能。

表 2-9 为函数调用示例。

表 2-9　　　　　　　　　　　　　　　　函数调用示例

	函数定义	形　　参	返回值	具体调用	实参、实参的值
数学	$s=a \cdot b$	a,b	$a \cdot b$	$s=2 \times 3$	2,3
C 语言	s=x*y	x,y	rs	s-rect=fun_area_rect(a,b)	a,b

请看例程 2-6。

```
1    #include <stdio.h>
2    int fun_area_rect(int,int);
3    int main(int argc, const char * argv[]){
4    int a,b;
5    int s_rect;
6    printf("\nPls input a,b,h:");
7    scanf("%d%d", &a,&b);
8    s_rect=fun_area_rect(a, b);
9    printf(("area is %d",s_rect);
10     printf("\npress any key continue…");
11     getchar();
12     getchar();
13     return 0;
14    }
15    int fun_area_rect(int x,int y){
16      int s;
17      s=x*y;
18      return s;
19    }
```

例程 2-6　利用函数工具求矩形的面积

例程 2-6 演示了函数的标准使用方法，首先看第 2 行代码，进行了函数声明，函数声明必须包括以下 3 个部分。

函数返回值：int。C 语言的函数可以向主调函数的调用位置返回一个数值（这和数学的函数调用相仿），所以返回值应该是一个合法的数据类型，若函数无返回值则声明类型为 void。

函数名称：fun_area_rect。函数的名称必须是有效的 C 语言标识符，并且最好能够向程序员提示函数功能。

函数参数列表：(int,int)。参数列表只需写出参数的类型名称，函数声明时不需要写出参数的具体名称。

C 语言没有规定函数的定义位置，只是规定函数在使用前先声明，而且某个函数不能在其他函数中声明。所以本程序中的 fun_area_rect 函数在第 15 行进行的声明。声明时在参数列表中列出的参数被称为形式参数，简称形参。函数中第 18 行将函数中计算的面积值(s)返回。s 的计算在第 17 行完成。

在主函数中第 6 行和第 7 行提示并输入了变量 a、b 的值，第 8 行调用了 fun_area_rect 函数，参数是 a、b。这里的参数称为实际参数，简称实参。第 8 行的赋值表达式把函数的返回值赋予变量 s_rect。

函数的使用十分简单，只要在程序中有需要重复利用或比较独立的功能都应该写成函数形式，以方便重复使用和增加程序的可读性。希望读者尽量尝试练习。关于函数更多的理论知识会在第 7 章详细介绍。

2.4 本章小结

本章介绍了 C 语言中的数据类型、变量、常量、运算符等基本概念。数据类型是 C 语言里很重要的概念，程序设计语言的重要作用之一就是要处理数据。所以，正确地表示和使用数据是熟练使用 C 语言的基础。读者应掌握常用的数据类型，每个数据类型的长度，以及它们可以表示的数据的范围。

C 语言也是一种非常灵活的语言。比如，在不同的数据类型之间可以进行类型转换，包括自动类型转换和手动类型转换。自动类型转换规则不仅很复杂，而且使得 C 语言的形式看起来也不那么严格了。这是为了书写程序简便而做的一种折中，有些事情让编译器自动做好，开发人员就不必每次都写一堆烦琐的转换代码了。然而，C 语言的类型转换规则比较复杂，所以读者必须多花费些精力去学习。

数据可分为不同的类型，根据是否可变可分为变量和常量。变量存在内存中，用来存放应用程序数值，通过一个运算符&，可以取得存放这个变量的地址。这个运算符是一个很重要的概念，希望读者牢牢掌握。不同的数据类型在内存中存放的形式也是很重要的知识点。对于一个定义的整型变量如 int a;，读者应该能够指出这个变量在内存中占用的字节数。

2.5 练习

习题 1：梯形的面积计算公式是 $s=(a+b) \cdot h/2$，编写一个程序，规范地输入 a、b、h，求面积。

习题 2：编写一个程序自定义输入，并利用函数求如图 2-1 所示图形阴影部分的面积，要求程序有较好的人际交互。

图 2-1　习题 2 配图

习题 3：编写一个程序自定义输入，并利用习题 2 的函数求图 2-2 所示图形的面积，体会用函数编程好在哪里。

图 2-2　习题 3 配图

习题 4：写出下面表达式的值或变量 res 的值，设有定义：

        inta=3,b=5,c=10,d=6;

        int res;

        floatres_f;

（1）res=1/2*a*b;

（2）res=a*b/2;

（3）res=1.0*a*b/2;

（4）res_f=1.0/2*a*b;

（5）res_f=0.5*a*b;

（6）a<3||1

（7）a>3&&d>c||c>b

（8）0&&c>b

（9）res=a+(a>3&&d>c||c>b)

（10）res=!a+a>3&&d>c||c>b

第3章 循环与分支

把一个工作重复做成千上万次而不出错正是计算机最擅长的，也是人类最不擅长的。举一个最简单的例子，如果人工统计本书中"的"这个文字出现的次数，应该是多么恐怖的一件事情，而由计算机帮助我们完成这种单调重复的工作就方便了许多。因此，我们使用计算机的主要目的就是让它帮助我们做一些复杂、重复的工作。C 语言提供了循环语句来达到这个目的。

本书说的循环语句，指的是程序设计中的循环结构。循环结构是程序中一种很重要的结构。其特点是，在给定条件成立时，反复执行某程序段，直到条件不成立为止。给定的条件称为循环条件，反复执行的程序段称为循环体。C 语言程序中除了循环结构，还有另外两种结构：本章之前的程序表现出来的是顺序结构，其主要特点是一些语句按照在程序中出现的顺序执行，执行顺序是自上而下，依次执行；还有一种结构是分支结构，其执行是依据一定的条件选择执行路径，而不是严格按照语句出现的顺序。分支结构用于处理不同的可能性，其关键在于构造合适的分支条件和分析程序流程。在 C 语言中，顺序结构、分支结构和循环结构并不是彼此孤立的，在实际编程过程中常将这3 种结构相互结合以实现各种算法，设计出相应的程序。与简单的顺序结构相比，程序的分支结构和循环结构使得应用程序更加灵活，并可以实现更多更复杂的功能。

本章将介绍循环结构和分支结构。为了使读者能够尽快应用这3 种结构，本章采用了特殊的安排顺序：先讲述最常用也最易用的一种循环结构（for）和一种分支结构（if），再详细描述其他结构和语句的细节。希望读者在学习时也先着眼结构再关注细节。

3.1 利用循环简化编程

循环结构可以减少源程序重复书写的工作量，用来描述重复执行某段算法的问题，它也是程序设计中最能发挥计算机特长的程序结构。C 语言中有 4 种循环，即 goto 循环、while 循环、do-while 循环和 for 循环。这 4 种循环可以用来处理同一问题，一般情况下，它们之间是可以互相替换的。但是，不提倡使用 goto 循环，因为 goto 循环使得程序可以跳到其他地方运行，这种强制改变程序运行顺序的方法，不仅使得程序可读性差，而且经常会给程序的运行带来不可预料的错误。因此，在本章中我们主要学习 while、do-while 和 for 这 3 种循环结构。

虽然这 3 种循环结构可以相互代替解决同一个问题，但是它们也有不同之处，针对不同的应用场合，不同的循环结构有各自的优势。在学习时，需要弄清楚 3 种循环的格式和执行顺序，特别要注意在循环体内应包含让程序结束的语句（即循环变量值的改变），否则程序就可能成了一个"死循环"（死循环是指应用程序一直停留在某一个循环内执行的情况），这是初学者常犯的一个错误。

3.1.1　从循环中最常用的两个运算符开始

提到运算符，读者眼前肯定会浮现出加、减、乘、除等算术运算符，还有大于、小于、等于等关系运算符，以及逻辑与、逻辑或、逻辑非等。不错，这些都是很重要并且经常会使用到的运算符。在 C 语言中还有两个重要的运算符，分别是自增值和自减值运算符。我们之前讲解了太多的运算符，而把这两个运算符放在这里讲解，是因为它们经常会应用到循环里面，用于计数。

自增值和自减值运算符是单目运算符，这种运算符相应地增加或者减少其操作数的值，分别使用"++"和"--"表示自增值运算符和自减值运算符。自增值和自减值运算符的操作数可以为整型、字符或者指针等，准确地说，这些运算符只要求其操作数必须为一个变量，使用"++""--"运算符会使程序更加简洁。

自增值运算符"++"将操作数的值自动增 1，同理，自减值运算符"--"将操作数的值自动减 1。它们的操作数必须为变量。"++"和"--"符号可以置于操作数前面，也可以放在后面。这里以自增值运算符"++"为例讲解。

```
int i = 0; /* 定义一个整型变量 i */
++i ; /* 将变量 i 的值自增 1 */
i++ ; /* 将变量 i 的值自增 1 */
```

以上两个自增值语句产生的结果都是使变量 i 的值增加 1，两者在这里可以说没什么区别，和使用以下语句得到的结果也是一样的：

```
i = i + 1 ;
```

在上面两个自增值语句中，由于单独使用"++"运算符，所以"++"运算符的前置和后置没有区别，但是，在复合使用的情况下，"++"运算符的前置和后置还是有区别的，看下面的例子：

```
int i = 1, j, k;
    j = i++;
    k = ++i;
```

对于"j = i++;"，这个语句执行完之后，变量 j 中的值是变量 i 自增前的值，因为，i++的值为 1，也就是说，变量 j 的值是 1，而变量 i 的值变成 2。而"k = ++i;"这个语句，变量 k 中的值是变量 i 自增后的值，因为，++i 的值为 3，所以，这个语句执行完后，变量 k 的值是 3，变量 i 的值也是 3。

总之，无论前置还是后置，"++"运算符都会使其操作数的值增 1。不同的是，"++"运算符前置时，自增表达式（如++i）的值等于其操作数自增后的值；"++"运算符后置时，自增表达式（如i++）的值等于其操作数自增前的值。同理，"--"运算符也是一样的，唯一的不同是，它是一个减法操作。来看一下例程 3-1 所示的自增值运算。

```
1    #include <stdio.h>
2    void main () {
3        int i, j;
4        i = 8;
5        j = 10;
6        printf("前置:%d, %d, %d, %d\n", i, j, ++i, ++j);
7        printf("后置:%d, %d, %d, %d\n", i, j, i++, j++);
8    }
```

例程 3-1　自增值运算

例程 3-1 是一个应用前置和后置"++"运算符的简单例子。对于两个定义的变量，分别执行前置自增操作和后置自增操作之后的输出结果为：

```
前置: 8, 10, 9, 11
后置: 9, 11, 9, 11
```

读者可以通过运行例程 3-1 加深对自增值，特别是前置和后置运算符的理解。对一个操作数应用自增值或自减值运算符，抽象地说，将会创建一份操作数的复本，而创建复本的时间则根据操作符是前置形式还是后置形式来决定。所以，在使用这种运算符的表达式时，实际用到的正是这份复本而不是操作数本身。因此，编译器并不允许如下语句出现：

```
i++ = 2;
```

若读者不愿意进行复杂的"复合"运算，那么只需记住：在不把"++"和"--"复合使用的情况下，i++就是 i=i+1，i--就是 i=i-1。

3.1.2　最基本的循环——for 循环

1．打印矩形

在讲解循环结构之前，我们先举一个例子。读者根据前面两章学习的内容思考一下，如何打印一个如图 3-1 所示的矩形图形？

图 3-1　矩形图形

根据之前学习的知识，我们来分析一下如何做。首先，我们要在屏幕上打印图示的矩形，读者应该能很快想到那个著名的、到目前为止使用最多的一个函数 printf。之后呢？观察一下这个矩形是由什么组成的。第 1 行，包括两个字符"+"和"-"，这两个字符我们都可以在键盘上找到，读者或许已经知道如何让第 1 行显示出来了，是的，就是通过一个输出语句"printf("+----------------------+\n");"，同理最后一行也就解决掉了。中间的呢？第 1 个和最后一个肯定需要使用到字符"|"，这没什么问题，可是它们之间有很大的空白，这应该如何处理呢？其实，这些可以使用空格来代替，就是说，第 1 行里面有多少个字符"-"，那么，在程序的第 2 行里面就应该有多少个空格与其对应。因此，使用"printf("|　　　　　|\n");"就可以完成这个工作。同理，第 3 行到第 6 行肯定也可以类似地完成。于是，得到如下实现程序，如例程 3-2 所示。

观察例程 3-2 可以看出，第 4 句到第 8 句是完全一样的，里面清一色地调用了 printf 函数，这应该是一个很容易理解的程序了。有没有读者会想到这样一个问题，幸亏这个程序才只有 7 行，如果是 10000 行，这个工作也就太烦琐了。我们继续看，我们能不能让计算机来做这些重复的操作呢？C 语言当然提供了这种机制。我们对例程 3-2 作一下修改，请看例程 3-3。

我们先对比一下例程 3-3 和之前的程序的不同之处，可发现第 5 行到第 7 行，语句的含义是把"printf("\n|　　　　　|");"这句话重复执行 5 遍，而这样做可使程序看起来更加简洁。

```
1    #include <stdio.h>
2    int main() {
3        printf("\n+------------------+");
4        printf("\n|                  |");
5        printf("\n|                  |");
6        printf("\n|                  |");
7        printf("\n|                  |");
8        printf("\n|                  |");
9        printf("\n+------------------+");
10   }
```

例程 3-2　简单的打印矩形的程序

```
1    #include <stdio.h>
2    int main() {
3        int i;
4        printf("\n+------------------+");
5        for(i= 0; i< 5; i++) {          //注意这里的 i++
6            printf("\n|                  |");
7        }
8        printf("\n+------------------+");
9    }
```

例程 3-3　改进的带有循环的打印矩形程序

第 5 行以关键字 for 开始，这种循环结构称为 for 循环结构。C 语言中的 for 循环语句使用最为灵活，因为它不仅可以用于循环次数已经确定的情况，而且可以用于循环次数不确定而只给出循环结束条件的情况。通过这个例子，我们可以给出一个"范式"来说明循环语句 for 的使用方法：

```
for(i = 0; i< N; i++){
    [ 一条语句 ];
    }
```

读者可以对这种循环结构作一个感性的认识。在使用它的时候，就是要以 for 关键字开头。然后，使用一个括号中的 3 个表达式计算循环条件，这 3 个表达式用分号分隔。之后是一对大括号 "{}"。这个符号之前介绍过，它表示一个程序块，当然，如果只有一条语句，可以把这对大括号省略掉。但是，如果有多条语句，再省略就会出现错误。例如，我们这样写：

```
for(i= 0; i < N; i++){
    [一条语句];
    [二条语句];
    }
```

这种写法与下面的写法是完全不一样的：

```
for(i = 0; i < N; i++)
    [一条语句];
    [二条语句];
```

第 1 种写法会将 "[一条语句];" 和 "[二条语句];" 都循环执行 N 次，第 2 种写法只是将 "[一条语句];" 执行 N 次。所以，读者在程序中使用 for 循环的时候一定要事先确定应该把哪些语句放在 for 循环里循环执行，否则，就会得不到自己期望的结果，这也是初学者容易犯的一个错误。

另外，for 循环里肯定要使用一个变量来确定这个 for 循环重复执行的次数。如果在 for 中变量 i

从 0 递增到 N，那么，for 下面的语句就会被重复执行 N 次。当然，如果只需要让一个语句重复执行 N 次的话，下面的 for 语句段也能达到同样的目的：

```
for(i = 1; i <= N; i++)
    [一条语句];
```

甚至还可以这样写，这和之前的写法是一样的效果：

```
for(i= N; i > 0; i--)
    [一条语句];
```

比较上面这 3 种写法的异同，读者能够自己分析吗？至少读者对 for 循环的格式是什么样子要有个大体上的了解。

2. for 循环的定义和执行流程

以上是感性认识，下面给出 for 循环的形式化定义，并且通过具体的分析让读者更加全面彻底地了解 for 语句。在如图 3-2 所示的定义中，如果语句 D 只有一条，那么可以不用一对大括号包含，否则，必须将所有需要重复执行的语句放在一对大括号中：

```
for(表达式 a; 表达式 b; 表达式 c)
    语句 D;
```

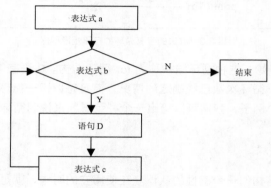

图 3-2　for 结构流程图

循环结构可用以下 4 个术语描述：（1）循环变量，对循环次数进行控制的变量；（2）循环条件，循环结构中的表达式；（3）循环体，在每个循环周期均要执行一次的语句序列；（4）循环变量控制，控制循环变量的变化。

现在，我们分析一下 for 循环的执行过程。正如图 3-2 中表示的，当程序执行到 for 语句时，首先执行表达式 a（循环变量赋初值）一次，在我们的例子中执行了 "i = 0;"，很明显这是一个对计数的变量 i 进行初始化的操作。接下来，执行表达式 b（循环条件），此处表达式 b 是一个逻辑表达式，也就是说这个表达式的值或者为真或者为假，如果表达式 b 为 "真"（即 1），那么执行语句 D，然后执行表达式 c（循环变量控制），这时就能看到循环产生了，流程又回到了表达式 b。继续判断，如果表达式为真，重复执行语句 D；如果表达式为假（即 0），那么 for 循环结束。

学习完 for 循环的执行流程，我们来看一个简单的例子。读者可以尝试着判断一下下面的打印语句会执行几次。

```
for(i = 0; i < 9; i = i +2)
    [一条语句];
```

首先，for 循环开始执行，执行循环条件中的第 1 部分："i = 0;"，给变量 i 赋初值为 0，这个部分只执行 1 次。执行 "i < 9;"，此时，i 的值小于 9 为真，那么，执行 for 循环里面的一条语句。执行完毕之后，执行 "i = i+2;"，此时，i 的值为 2，接着，判断 "i<9;"，这个表达式的值还是真，然后再次执行 for 循环里面的一条语句。之后，i 的值分别为 4、6、8，同时，循环里的语句被重复执行了 3 次。之后，变量 i 的值变为 10，此时，判断 "i < 9;" 的结果为假。因此，循环结束。读者务必仔细分析 for 循环的执行流程，这对正确地理解和使用 for 循环至关重要。请看例程 3-4：求 100 以内所有整数的和。

```
1    #include "stdio.h"
2    int main() {
3        int   i, s;
4        for (i=0,s=0;i<100; i++)
5            s+=i;
6        printf("s=%d",s);
7    }
```

例程 3-4   求 100 以内所有整数的和

此程序在循环体中利用循环变量的值进行了求和运算。注意第 5 行中 i 的值在 100 次循环中由 0～99 依次变化。

利用循环控制变量的变化规律来解决实际问题，这样做可以提高编程效率，但是要注意在使用过程中不要对这个变量进行"无意识、错误地"赋值，以打乱循环的进行，这种错误在多重循环中常见，请看例程 3-5：求 1～10 中所有整数的阶乘的和。

```
1    #include "stdio.h"
2    int main() {
3        int i;
4        int sum=0, p;
5        for (i=1; i<11; i++){
6            for (j=1, p=1; j<=i; j++)
7                p*=j;
8            sum+=p;
9        }
10        printf ("sum=%d", sum);
11    }
```

例程 3-5   求 1～10 中所有整数的阶乘的和（一）

例程 3-5 可以正确地完成题目要求的功能，而下面例程 3-6 的代码却存在错误。错误在于程序在第 2 层循环中将 i 赋值，而影响了 for(i=0;i<10;i++) 这层循环的计数。

```
1    #include "stdio.h"
2    int main() {
3        int i;
4        int sum=0, p;
5        for (i=1; i<11; i++){
6            for (p=1; i>0; i--)
7                p*=i;
8            sum+=p;
9        }
10    }
```

例程 3-6   求 1～10 中所有整数的阶乘的和（二）

3.2 | 利用分支确定程序执行流程

如果发生 A 情况，则执行 B 步骤，这就是另外一种程序结构：分支。分支结构适用于带有逻辑条件判断的计算，设计这类程序时可以先绘制程序流程图，然后根据程序流程写出源程序，这样做把程序设计分析与语言分开，使得问题简单化，易于理解。程序流程图是根据需求分析所绘制的。

3.2.1 分支的几种形式

分支用来表达日常生活中的"如果"。请看例程 3-7：输入两个整数 a 和 b，求 a/b 的商。

```
1    #include <stdio.h>
2    int main() {
3        int   a, b;
4        float   div;
5        scanf("%d %d", &a,&b);
6        div = 1.0*a/b;
7        printf("计算的商 div = %f", div);
8        return 0;
9    }
```

例程 3-7   求两个整数的商

该程序首先使用系统函数 scanf 在用户终端读入两个用户的输入，这两个输入值分别保存在变量 a 和变量 b 中。然后，使用 a/b 进行计算。最后，将计算的商打印出来。这个程序似乎没有问题，非常符合正常的计算流程。但是，请读者思考一下，这里面会不会有问题呢？问题在于被除数必须确定不可能为 0，否则就没有任何意义了，所以，如果 b 的值为 0，那么就会有糟糕的程序意外退出现象。解决的方法是在执行第 6 句"div = 1.0*a/b;"之前对变量 b 的值作一个判断；"如果 b 的值不等于 0"，那么继续进行除法运算；否则，打印一个提示语句给用户，告诉他输入的被除数出错。例程 3-7 可以改进为下面的程序，如例程 3-8 所示。

```
1    #include<stdio.h>
2    int main () {
3        int   a, b;
4        float   div;
5        scanf("%d %d", &a%b);
6        if(b ! = 0)   printf("计算的商 div= %f", 1.0*a/b);
7        else   printf("b 为 0,不能作除数");
8        return 0;
9    }
```

例程 3-8   改进的求两个整数的商

如前所述，例程 3-8 中的第 6 行，在进行除法运算之前，检测了 b 的值是否为 0，在不为 0 的情况下进行除法运算，所以就合理了。这里，请读者注意语句"if(b != 0)   printf ("计算的商 div = %f",1.0*a/b);"，它的含义是如果 b 不等于 0，则执行语句"printf("计算的商 div = %f",1.0*a/b);"，即以

%f 的格式打印 a/b 的值。第 7 句 "else   printf("b 为 0，不能作除数");" 的含义是：在其他情况下（也就是 b == 0 的情况下），打印一个提示信息，告诉用户被除数不能为 0。如果没有这个 else，那么这种情况在程序里面就不进行处理，对用户输入了 b 的值为 0 的情况就没有任何输出，这当然不是一个很好的设计方法。用户输入了数据之后，没有任何输出，会感到困惑，而一个良好的应用程序，要保证给用户一个良好的用户界面，程序员编程时应该考虑各种可能发生的情况，并且对这些情况做出妥善的处理。本程序流程图如图 3-3 所示。

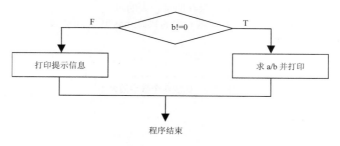

图 3-3　分支结构流程图

以上介绍的分支结构是我们日常生活中最常用的一种表达方法，用语言表述可表达为 "如果条件为真就执行 A 计划，否则，就执行 B 计划"。在 C 语言中使用 if、else 这两个关键字来完成这种表达，这里我们称为 if-else 形式或范式：

```
if（表达式 x）语句A;
    else  语句B;
```

请注意，if 后面的表达式 x 是任意表达式。这个表达式必须使用括号括起来，即如果表达式 x 的运算结果是非 0，则执行语句 A；否则，执行语句 B。这里需要再次提醒读者，在 C 语言中没有 "条件为真" 的说法，取而代之的则是表达式的结果为非 0 或者为 0。如果在语句 A 或者语句 B 的位置需要多条语句来实现程序功能，和之前的 for 循环中使用的方法一样，就需要通过大括号对把语句放在一起，具体的形式如下：

```
if（表达式 x）{
语句块 A;
}
else {
语句块 B;
}
```

其中，语句块 A 和语句块 B 是一组语句的集合，在 C 语言语法中称这种语句块为 "复合语句"。对结构而言，复合语句相当于一个单独的语句。

当然，在日常生活中，我们有时候不需要考虑 "否则" 的情况，只需要 "如果条件为真，则执行计划 A" 就已经足够了。这时候，在 C 语言中也是使用 if 分支结构，只是不需要有 else。下面举一个比较输入的两个数字大小的例子，详细代码如例程 3-9 所示。

在例程 3-9 中，首先，定义 3 个整型变量 a、b 和 max，其中，a 和 b 用于存放输入的两个数字。开始的时候不知道谁更大，即变量 max 中没有值。当然，较大值不是 a 就是 b，我们假设变量 a 中的数据是更大的，并将变量 a 中的值赋给变量 max。在第 6 行进行判断，如果变量 b 中的值比 max 还大，那么就把变量 b 中的值赋给 max，此时，max 中就是变量 b 中的值。当然，如果 if 语句的条件不成立，即变量 b 中的值比 max 中的值小，就不会做任何操作，也就是说，我们的假设是成立的，更大值当然就是变量 a 中的值。这样就实现了两个数字比较大小的过程。当然，这个程序也可以使用之前介绍的 **if-else** 分支结构来完成，请读者自己进行练习。

```
1    #include <stdio.h>
2    int main ( ) {
3        int    a, b, max;
4        scanf("%d %d", &a, &b);
5        max = a;        // 先假设变量 a 中保存的是较大的数
6        if ( b > max )    max = b;      // 若变量 b 中的数比 max 还大,显然变量 b 中的数应该是较大的
7        printf("max = %d", max);
8        return 0;
9    }
```

例程 3-9   比较两个数字的大小

例程 3-9 的流程如图 3-4 所示。

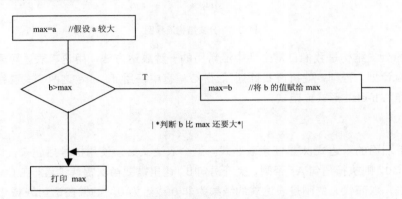

图 3-4   求两个数中较大的数的流程图

上面使用的就是 **if** 分支结构中的另外一种范式，表示如下：

```
语句 A；
if（表达式 x）语句 B；
语句 C；
```

先顺序执行语句 A，在执行 **if** 的时候，如果表达式 x 非 0，则执行语句 B；如果表达式 x 的值为 0，就跳过 **if** 语句。不论 B 是否执行，程序都将继续执行语句 C。用简单的流程表达运行结果，则是 A—B—C，或者 A—C，语句 B 是否执行要看表达式 x 的运算结果。同理，这里只有一条语句 B，此处也可以是一个语句块，这时就需要使用一对括号将所有语句组织在一起。当然，当各块里面的语句只有一句时，一对大括号可以省略。

在一个 **if** 或者 **else** 后面都可以是复合语句，这个复合语句里也可以继续包含 **if** 和 **else**，这种情况就称为 **if** 嵌套。

到目前为止，通过以上例子，我们学习了 **if** 分支结构的两种范式。在一般的编程中，使用到分支判断的情况，这两种范式已经足够了，所以读者应该熟练掌握应用这两种范式的方法。特别是嵌套范式，弄清楚嵌套的分支结构，不要被嵌套的多分支性所迷惑。现在用一个综合的例子总结一下 **if** 语句的各种范式。

我们对数学中的一元二次方程已经很熟悉了，它的形式如：$ax^2+bx+c=0$。通常，它会有两个实数解或者虚数解。这里我们只考虑方程存在实数解的情况，读者应该知道求解这个方程的步骤。例程 3-10 是求解一个一元二次方程的 C 语言代码。

```
1    #include <math.h>
2    #include <stdio.h>
3     int main () {
4            float    a, b, c;
5            float    x1, x2, k;
6            printf ("请输入 a,b,c 以组成方程 ax * x+bx+c = 0: ");
7            scanf ("%f%f%f", &a, &b, &c);
8            k = b * b-4 * a * c;
9            if ( k > 0 && a !=0 ) {
10                   x1 = (-b+sqrt(k)) / (2.0*a);
11                   x2 = (-b–sqrt+(k))/(2.0*a);
12                   printf ("x1 = %5.2f, x2 = %5.2f", x1, x2);
13                   }
14           else   if (k ==0 && a != 0) {
15                   x1= x2 = -b / (2.0 * a);
16                   printf ("x1= x2 = %5.2f", x1);
17                   }
18           else   if ( k < 0 && a != 0 ) {
19                    printf ("无实根");
20                   }
21           else    printf ("此方程不是一元二次方程");
22           return 0;
23     }
```

例程 3-10　求一元二次方程的两个实数解

在例程 3-10 中，第 1 行代码 "#include<math.h>" 的含义和第 2 行 "#include <stdio.h>" 类似，都是需要包含头文件，区别是它包含数学函数的声明文件。其主要原因是，在第 10 行和第 11 行，在求解方程的过程中使用了开平方函数，即使用了 sqrt (double)函数(括号中的 double 表示函数 sqrt 的参数为 double 型)，所以必须包含声明 sqrt 函数的 "math.h" 头文件。当然，之前讲过，读者可以不使用系统提供的开平方函数 sqrt，自己去实现一个具有同样功能的函数，那么这里自然也就没有必要包含 "math.h" 了。程序的第 4 行定义了 3 个浮点型的变量，用于保存用户输入的一元二次方程的 3 个系数。第 5 行定义的变量用于求方程的实数解。第 6 行打印一个提示语句，提示用户输入 3 个系数。第 7 行将用户的输入读入定义的变量 a、b 和 c 中。第 8 行计算判别式 b^2-4ac 的值，并将该值赋给变量 k。第 9 行、第 14 行、第 18 行、第 21 行是 if-else 的综合应用。其中，第 9 行，$a \neq 0$ 且 $k > 0$ 的情况，说明这是一个二次方程（a 等于 0 就不是二次的了），并且判别式的值大于 0，说明有实数解。第 10 行到第 13 行使用了复合语句求出两个不等实根 x1 和 x2，并打印了这两个根。这个复合语句虽然包含若干个语句，但是从语法角度看它只相当于一个语句。第 15 行到第 17 行也是一个复合语句，因为第 14 行的 else，就是说此时 k 的值小于等于 0，if 判断语句中判断了判别式 k 的值为 0，此时，方程有两个相等的实数解，所以这个复合语句只是求解了两个相同实数解。第 18 行是判别式 $k < 0$ 的情况，此时，二次方程没有实数解，所以，不再继续求解，打印信息提示用户。第 9 行、第 14 行、第 18 行的 if 及 else 和 if 都考虑了 $a \neq 0$ 的情况，所以第 21 行的 else 处理的

是"a==0"的情况。为了更好地理解，请读者自行上机验证此程序，并想想是否可以运行。在本程序中，用户输入的数字要进行检查。其实，我们可以改进程序。比如，将 a、b 和 c 读入之后，就判断变量 a 的值，如果变量 a 中的值等于 0，说明这不是一个合法的一元二次方程，也就没有必要再继续往下执行 if 语句。进行判断，给用户一个提示之后，退出程序。在本程序中，读者也可以发现，每次 if 语句都要对变量 a 的值进行是否等于 0 的判断，这也使得程序看起来非常冗余和复杂，不够简洁。读者可以根据以上思路，对例程 3-10 进行改进，然后自己运行看看结果。

3.2.2　对 if 语句细节的探讨

通过上一节的学习，读者应该能体会到 if 语句的含义，不过，if 语句还有一些细节问题需要注意。注意这些细节有助于避免错误，并提高程序的运行效率。

首先，要讨论的问题就是 if 语句中的表达式 x。这个表达式决定了程序运行的分支，如果这个表达式成立则执行相应的语句，否则，执行其他的语句。这个表达式 x 到底应该是什么类型的？表达式的结果应该是什么类型的？通常，对于这个表达式的类型有多种说法，例如条件表达式、关系表达式和判断表达式等。总体来说，倾向于给它冠以一个能够表达"意向"的名字，但真实答案是，该表达式是"任意表达式"，所以，下面几个 if 语句都是正确的：

```
1.   if (a > b || a < b)  printf ("%d", a);
2.   if (a - b)      printf ("%d", a);
3.   if (a != b)      printf ("%d", a);
4.   if (b && a/b != 1 || a == 0 && b == 0)  printf ("%d", a);
5.   if (b && a/b!=1 || !a && !b)    printf ("%d", a);
```

以上 5 个 if 语句的目的都是"若 a 不等于 b，则打印 a 的值"，但是，请注意 if 后面的表达式类型是多样的，其中既有关系表达式也有逻辑表达式，甚至有算术表达式。这说明了，if 后面的表达式确实是任意的，而 C 程序只根据表达式的结果是否为 0 来判断后续语句是否执行。

例如，上面"if (a - b) printf("%d",a);"这个语句中的"a - b"与"a - b != 0"相比较而言，就少进行了一次比较运算，从而提高了效率。

另一种情况下，这种机制会造成错误。例如，判断若 a 等于 10，则输出 a 的值的 if 语句应该写成如下形式：

```
if ( a== = 10)  printf ("%d", a);
```

若它被写成："if (a = 10) printf("%d", a);"，由于表达式中是赋值语句，所以变量 a 的值永远为 10，表达式"a = 10"这一赋值语句的值也是非 0，因此不论进入 if 语句前 a 的值是什么，"printf("%d", a);"这个语句总会执行。从语法上看"if (a = 10) printf("%d", a);"这个语句没有任何语法问题，所以也能够通过编译，但是它却没有完成预想的任务，此类错误被称为语意和逻辑上的错误。这种错误比较隐蔽，需要读者在编程和调试时仔细排查。

3.2.3　条件运算符

学习完 if 分支结构，我们再介绍一个常用的运算符——条件运算符。条件运算符在某些情况下可以代替 if 语句，实现简单的分支结构，同时，又比传统 if 分支结构简洁。条件运算符是一个三目运算符，即有 3 个操作数。它是 C 语言中唯一一个三目运算符。由条件运算符组成的表达式称为条件表达式。如果在条件语句中，只执行单个赋值语句，常可通过条件表达式来实现。这样不但使程序简洁，也提高了运行效率。语法范式如下：

```
表达式1? 表达式2：表达式3
```

该运算使用 "?" 和 ":" 连接了 3 个表达式。条件运算符的运算是自右向左的，运算的过程如下：如果表达式 1 成立，即表达式 1 的结果非 0，则执行表达式 2，同时将表达式 2 的值作为整个表达式的值，否则，执行表达式 3，并将表达式 3 的值作为整个表达式的值。

注意在条件表达式中，表达式 2 和表达式 3 只会有一个执行，所以条件运算符与以下的 if 语句组合相似：

```
if   (表达式1) 表达式2;
else  表达式3;
```

下面分别用条件运算符和 if 语句两种方法求两个数中较大的数。假设程序中有两个变量 x、y，分别存放了两个数，如果需要求出这两个数中较大的数，并且将该较大值放到变量 max 中，使用条件运算符的方法，可以这样写：

```
x > y ? ( max = x ) : ( max = y )
```

以上条件运算符的写法用 **if-else** 语句实现，其语句为：

```
if (x > y)   max = x;
else   max = y;
```

通过这个求较大值的例子可以看出，条件运算符可以实现 if 语句的功能，但是条件运算符有更有趣的用法。由于它是一种运算符，所以可以比 if 语句更加灵活地 "嵌" 在表达式中。

比如，同样是求两个数中较大值的例子，可以利用条件运算符这样写：

```
max = x > y ? x : y;
```

还可以这样：

```
printf ("%d", x > y ? x : y);
```

甚至这样也行：

```
printf (x > y ?"较大的数是%d" : "较小的数是%d", x);
```

程序在执行到 printf 的时候，首先会计算条件表达式的值，如果 x> y 这个条件成立，那么这个表达式的值就是 "?" 之后表达式的值，即 "较大的数是%d"，此时，printf 就变成 "printf("较大的数是%d", x)"，否则，是 " : " 之后表达式的值，即 "较小的数是%d"，此时，printf 就变成 "printf("较小的数是%d", x)"，请仔细体会。

条件表达式不能替代所有的 if 语句，仅当 if 语句中内嵌的语句为赋值语句，并且两个分支都给同一个变量赋值时才能替代 if 语句，例如：

```
if ( a % 2 == 0) printf("even\n");
   else printf("odd\n");
```

以上 if 语句用来判断一个变量 a 中的值是偶数还是奇数，如果改成条件表达式的形式，以下的写法是错误的：

```
( a % 2 == 0) ? printf("even\n") : printf("odd\n");
```

正确的写法如下：

```
printf("%s\n", ( a % 2 == 0 ? "even" : "odd") );
```

条件运算符的应用非常灵活，但是使用条件表达式时，还应注意以下几点。(1) 条件运算符的运算优先级低于关系运算符和算术运算符，但高于赋值运算符。因此，在 "max = (a > b) ? a : b" 中可以去掉括号而写为 "max = a > b ? a : b"。(2) 条件运算符中的?和:是一对运算符，不能分开单独使用。(3) 条件运算符的结合方向是自右至左。例如，表达式 a > b ? a : c > d ? c : d，应理解为：a > b ? a : (c > d ? c : d)。

3.2.4 打印月历的例子

研究编程，最好的方法莫过于用编程去解决实际问题。接下来，我们来解决一下月历中每个月的打印天数问题。每个月的天数并不都一样，所以就需要区别对待每一个月份。如果使用 12 个 if 语句，分别确定 12 个月的打印天数则十分麻烦，我们可以将需要打印的情况分为 3 种：天数为 31 天的月份、天数为 30 天的月份和 2 月份。这样，我们使用 3 个 if 分支结构就可以实现判断正确天数的目标了。具体的代码如例程 3-11 所示。

```
1    #include "stdio.h"
2    int main () {
3        int year = 0, month = 0, days = 0;
4        printf("\n 输入需要打印的年:");
5        scanf("%d", &year);
6        for (month = 1; month < 12; month++)
7        { printf ("\n\n%d 月\n", month);
8    if( month == 1 || month == 3 || month == 5|| month == 7 || month == 8 || month == 10 ||
month == 12){
9            days = 31;
10       } else if ( month == 4 || month == 6 || month == 9|| month == 11) {
11           days = 30;
12       } else {
13           if ( year % 4 == 0 && year % 100 != 0 || year %400 = 0 ){
14               days = 29;
15           } else {
16               days = 28;
17           }
18       }
19       for(i = 0; i < days; i++){
20           if ( i % 7==0) printf("\n") ;   // 逢 7 换行
21           printf("%5d", i + 1);
22       }
23   }
24   }
```

例程 3-11   利用 if 语句确定月历的打印天数

例程 3-11 介绍了如何使用循环和分支结构打印一个形式上的月历。第 3 行到第 7 行，输入一个年份并进行 1～12 月的循环。第 8 行到第 18 行，通过分支结构，针对年份的值来判断每个月到底有多少天，并把这个结果保存在变量 days 中。第 19 行到第 22 行，将这个月的月历打印出来，每一行打印 7 天。本例只是一个月历程序的模拟，读者可以看出这个月历的星期和实际情况不符。

3.3 顺序循环和分支结构的深入讨论

3.3.1 顺序程序结构的再学习

顺序结构是指程序按照语句书写的顺序执行。这些语句可以是表达式语句，也可以是函数调用语句。如果是函数调用，程序会到对应的函数中执行，然后再回到函数调用之后的一句执行。一个简单的顺序程序结构如例程 3-12 所示。

```
1    #include <stdio.h>
2    int main()   {
3          printf("\n*********");
4          printf("\n*Beijing*");
5          printf("\n*********");
6          return 0;
7    }
```

例程 3-12　简单的顺序程序结构的例子

这个程序的运行结果如下：

```
*********
*Beijing*
*********
```

通过运行结果可以看出来，程序的运行顺序与程序语句的书写顺序保持一致，即由开始到结束，每条语句执行一次。

顺序程序结构是 C 语言程序流程中的最基本形式。通常在描述需要解决问题的步骤时，我们会做如下设计，比如，第 1 步需要做什么，第 2 步需要做什么，第 3 步做什么等，这就是顺序流程。

在使用顺序结构，特别是在使用变量的时候，应该注意对变量访问的先后顺序。例如，给定两个整型变量 a 和 b，其中，a = 3，b = 5，现在要求交换变量 a 和 b 中的值，即程序执行完之后，a=5，b=3。有些读者会这样做：

```
a = b;
b = a;
```

不就交换两个变量的值了吗？但是，这样是正确的吗？首先，第 1 句，"a=b;"执行完之后，变量 a 中的值变为 3；然后，执行第 2 句，"b=a;"，又把变量 a 中的值给了 b，也就是 b 中的值还是 3。所以，就不是正确的结果。出错的原因是，在执行第 1 次赋值的时候，已经把变量 a 中的值给覆盖了。解决的方法是，再定义一个新的变量，把变量 a 中原来的值保留一下，所以，正确的程序为：

```
c = a;
a = b;
b = c;
```

执行结果是 a = 5，b = c = 3。请读者仔细思考一下这个交换过程，体会一下对变量顺序访问的必要性。比如，如果改变上面的执行顺序，写成如下的顺序：

```
a = b;
c = a;
b = c;
```

那么，执行的结果就变成 a = b = c = 5，也不能达到预期的目的。这是初学者比较容易犯的错误，即把语句的执行顺序写错，所以，读者一定要注意。

顺序结构可以独立使用，构成一个简单的完整程序，常见的输入—计算—输出"三步曲"的程序就是顺序结构的程序。例如，之前学习过的计算圆的面积的程序，在代码中，语句顺序就是输入圆的半径 r，计算圆的面积 s = 3.14159*r*r，最后，输出圆的面积 s。但是，大多数情况下，顺序结构只是作为程序的一部分，与其他结构（例如分支结构中的块体、循环结构中的循环体等）一起构成一个复杂的程序。

3.3.2　while 循环

在 C 语言中，for 循环的功能很强大，可以做很多事情。但是，C 语言不止这一种循环结构，它还有其他循环结构。在不同的场景下，它们各有优势。使用不同的循环结构，可以满足用户的多种需求，方便编程。本节介绍另外一种循环，即 while 循环。我们还是按照惯例，通过一个例子，先看看这个 while 循环长什么样子，然后再详细地分析讲解。例如，使用 while 循环结构可以写成例程 3-13 所示的程序，用来计算 1～99 以内所有整数的和。

```
1    main()
2    {int sum, i
3        sum = 0;
4        i = 0;
5        while (i < 100)
6            { sum + = i;
7                i ++;
8            }
9        printf ("sum = %d", sum);
10       }
```

例程 3-13　使用 while 循环计算 1～99 以内所有整数的和

例程 3-13 是求 1～99 以内所有整数的和，在本程序中是通过使用 while 循环实现的。程序的第 3 行将 sum 清 0；第 4 行至第 7 行是 while 的主体，其中第 4 行将 i 清 0，第 5 行确定循环的边界，第 6 行和第 7 行利用递增的变量 i 计算 1～99 以内的整数和；第 9 行是打印"和"的值。

1．while 循环结构的形式

while 的形式很简单，具体如下：

```
语句 a；
while(表达式 b) {
        语句 c；
        语句 d；
}
```

一个 while 循环结构由如下 3 个部分组成：while 关键字、循环条件和循环体。其中，while 是关键字，其后面必须有一个括号对将条件表达式括起来。当表达式 b 的值为非 0 时，执行循环体；否则，不执行循环体，退出循环，执行该循环后面的语句。语句 c 和语句 d 组成循环体。当然，循环体可以是一条语句，也可以是复合语句（多条语句）。如果在 while 循环条件后面有大括号，则循环体将是由大括号括起来的复合语句。如果在 while 循环条件后面无大括号，则循环体将是一条语句，其余的语句将不在本 while 循环中执行。一般来说，哪怕是只有一条语句，也应该把大括号加上，这样，while 循环的结构看起来更加清晰。

通俗地讲，while 循环的含义是：如果"某个条件成立"，就持续不断地做某事。换一个角度来看，若"条件不成立"了，循环也就终止了（即"不做某事"了）。从语义上分析，循环由两部分组成：一个是"某条件"，另一个是要做的"某事"。我们把"某条件"称作循环的条件，用一个表达式表示（该表达式的类型是任意的），若该表达式的结果非 0，则认为"条件成立"即为真，就执行循环体（做某事）；若该表达式的结果为 0，则"条件成立"即为假，就不执行循环体。

在 while 循环中，若循环体包括多个语句，则一定使用复合语句，否则下面的写法中，语句 a 和语句 b 虽然看起来是一起的，但是只有语句 a 在 while 循环中执行，而语句 b 是在执行完 while 循环之后才能执行得到的：

```
while  (条件表达式)
      语句 a;
      语句 b;
```

另外，while 循环结构中确定流程的表达式部分类似 if 语句，可以是任意类型的表达式，常用的作为条件的表达式是关系表达式或逻辑表达式，也可以用其他表达式或常量。而循环结构中的循环体语句部分可以是复合语句。一般来说，在这些语句中，应该包含对循环条件的控制语句，也就是说，通过该语句修改循环执行条件，这样才能让 while 循环结束。while 循环的执行过程如图 3-5 所示。

```
语句 a;
while  (表达式 b) {
    语句 c;
    语句 d;
}
```

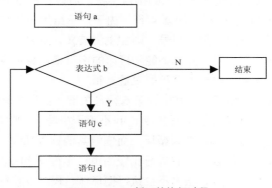

图 3-5　while 循环的执行过程

如图 3-5 所示，while 循环的执行过程如下：程序在执行完语句 a 之后，开始执行 while 循环，首先判断表达式 b 的值，如果是真，进入循环体执行语句 c 和 d；执行完之后，继续判断表达式 b 的值，如果表达式 b 的值为假，即值为 0，那么 while 循环结束。

这个应用形式主要由以下 5 个关键部分组成。（1）赋初值语句，特别是控制循环结束的变量，一定要在 while 循环之前进行赋初值，这样才是最安全的。请记住，没赋初值的变量里面的值是不确定的。（2）循环条件可以表示成边界的任意表达式，while 循环总是在某种条件满足的情况下执行。（3）循环的核心功能，就是循环要重复做的事情。（4）使循环趋于结束的语句，修改循环变量，使得循环条件不满足结束循环。（5）和 for 循环、if 分支结构等一样，while 循环也可以嵌套，即在循环体内还可以有其他 while 循环。当然，也可以有一个或多个 for 循环或者 if 语句。

2．while 的几种应用

为了加深读者对 while 循环结构的理解，我们通过一些程序进行介绍。

读者应该有这种使用经验，很多程序的结束部分会有这样一个提示："若想退出程序请按 Y 键"，然后程序等待用户的输入，如果输入正确的话，那么程序就会继续执行。其实，这就是一个循环，在循环体中，一直等待用户的输入字符，然后程序根据字符判断如何执行。下面编写一个程序，向用户显示一段提示文字："若想退出程序请按 Y 键"，若用户按"Y"键则程序退出，否则，继续显示提示文字。例程 3-14 即为该程序示例。

```
1    #include <stdio.h>
2    int main() {
3        char     c_in;
4        printf ("若想退出程序请按\"Y \"键! ");
5        scanf ("%c",&c_in);
6        while (c_in !='Y' || c_in !='y') {
7            printf ("\n 若想退出程序请按\"Y \"键! ");
8            scanf ("%c",&c_in);
9        }
10       return 0;
11   }
```

例程 3-14　判断程序是否退出

因为在例程 3-14 中，需要判断用户输入的键盘字符，所以在第 3 行定义了一个字符型的变量 c_in，用于保存用户输入的字符。在程序的第 4 行，由于提示给用户的那句话中，字母 Y 是用双引号括起来的，如果直接在字符串里使用双引号，则会发生歧义，所以，在 printf 中使用的"\"是转义字符，表示这里要打印一个双引号，并且不能和打印的字符串本身冲突，这和之前介绍的\n 的用法相同。程序第 5 行读入用户输入的一个字符型变量 c_in。

第 6 行到第 9 行就是 while 循环了。其中，第 6 行是关键，我们先看一下循环的条件："c_in !='Y' || c_in != 'y'"，即"若 c_in 不等于大写 Y 或 c_in 不等于小写 y"则执行循环体中的内容，用户输入的 c_in（按下的键）是 Y 或 y 都将结束循环，而任意其他输入都会"进入"或"继续"循环。这里，c_in 是一个字符型变量，所以，和它进行比较的也是字符 Y 和 y。假设用户输入的是这两个字符，那么，在第 6 行中条件不满足，根本不会执行循环体，程序直接往下执行（第 10 行）。如果用户输入的不是 Y 和 y 这两个字符，那么循环条件满足，开始执行循环体中的语句。当然，循环体也很简单，主要由第 7 行和第 8 行两行组成，注意：这两行是前面说的复合语句，共同组成循环体。第 7 行和第 4 行一样，仍然是一个提示信息，第 8 行再次将用户输入的字符读入到字符变量 c_in 中。随后，循环执行第 6 行，继续判断循环条件是否成立。这就是 while 循环的过程。

整个程序的流程图如图 3-6 所示，请读者好好体会一下 while 循环的过程。这里有一个小提示，请读者养成画流程图的好习惯，这对编写程序和阅读、分析程序都很重要。

进一步观察上面的例程 3-14，读者有没有发现什么问题？程序在运行和结果上肯定是没有问题的。但是，读者有没有发现，第 4 行、第 5 行与第 7 行、第 8 行是重复的，程序显得冗余。那么有没有办法消除这种冗余呢？当然可以。优化之后的程序如例程 3-15 所示。

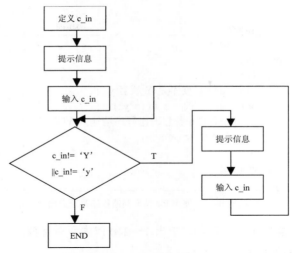

图 3-6　判断程序是否退出的流程图

```
1    #include <stdio.h>
2    int main () {
3         char     c_in;
4         c_in='a'; //只要不是 Y 或者 y
5         while (c_in != 'Y'|| c_in != 'y')    {
6              printf ("\n 若想退出程序请输入 Y");
7              scanf ("%c",&c_in);
8         }
9         return 0;
10    }
```

例程 3-15　判断程序是否退出的优化程序

例程 3-15 与例程 3-14 不同的地方是第 4 行直接给 c_in 赋了一个 a 值，这样，第 5 行判断的结果当然是"真"。所以，程序在启动之后，肯定会执行到第 6 行和第 7 行，提示用户输入。如果用户输入 Y 或者 y，程序终止；否则，继续循环。该程序和例程 3-14 对用户来说都是一样的，但是，内部的实现机制却并不相同。请读者仔细体会一下这种优化程序的方法。有时候程序是可以实现某个功能的，但是并不是最优的，特别是初学者编写的程序有可能是非常冗余的。

使用 for 循环可以完成这个程序吗？有些读者会问，要使用 for 循环不是需要知道循环次数吗？这里，如何知道用户会输入几次啊？是的，已知循环次数的情况下，使用 for 循环几乎是第一选择，但对于 C 语言而言，只要合理利用规则，几乎可以完成任何像下面使用 for 循环完成的这个程序，请看例程 3-16 所示代码。

对比两个程序可以发现，在例程 3-16 中，第 5 行的 while 循环改成了 for 循环，其他的代码并没有发生变化。在本例中，循环次数是我们不关心的，所以即便使用 for 循环，在程序中也并没有考虑循环次数，只是使用了循环条件。即，将 while 的循环条件放到 for 的循环条件中就可以了。虽然没有使用循环变量，但是 for 循环的格式是不能省略的。比如第 1 个分号之前一般用于循环变量赋初值，我们可以不使用，但是分号却不能省略。

while 循环一般有两种应用：第 1 种，如果循环条件满足就一直重复执行循环体，上面的实例就演示了这种应用；第 2 种，希望在循环体中使用某些按规律递增（或递减）的变量来控制循环条件，决定何时循环结束。

```
1    #include <stdio.h>
2    int main () {
3        char    c_in ;
4        c_in = 'a'; //只要不是 Y 或者 y
5        for (;c_in != 'Y'||   c_in != 'y';)   {
6            printf ("\n 若想退出程序请输入 Y");
7            scanf ("%c",&c_in);
8        }
9        return 0;
10   }
```

例程 3-16   使用 for 循环判断程序是否退出

对于第 2 种情况，这里给出如下示例，求出 1～200 以内所有整数的和。这里，我们使用 while 循环完成，代码如例程 3-17 所示。

```
1    #include <stdio.h>
2    int main () {
3        int    sum , i ;
4        sum=0;
5        i=1;
6        while (i<=200) {
7            sum=sum+i;
8            i++;
9        }
10       printf ("sum=%d",sum);
11       return 0;
12   }
```

例程 3-17   求 1～200 以内所有整数的和

例程 3-17 中的第 3 行到第 5 行定义了一些变量并对其赋了初值，我们称为初始化操作，其中，变量 sum 保存求得的和，变量 i 对整数 1～200 进行遍历。第 6 行到第 9 行是 while 循环。其中，第 6 行的循环条件是 i<=200，所以在变量 i 值 [1，200]（i 属于 1～200）范围内都将执行第 7 行到第 9 行，其中，每执行一次循环，第 7 行求和，第 8 行将变量 i 中的值递增，若 i 增至 201，则 i<=200 这个条件表达式的结果为 0，程序退出循环，执行第 10 句，打印 sum 的值。注意该程序的第 7 行到第 9 行是循环体。本程序中若第 4 行或者第 5 行缺失会怎样呢？这个问题之前已经介绍过，这里请读者考虑。另外，对于循环体，我们作以下说明，首先，第 7 行和第 8 行在初学阶段很容易写颠倒，感觉好像就是加 1 然后再求和，这会对第 1 次循环造成影响，求得的和不是从 1 开始的，而是从 2 开始了。另外，第 8 行每次修改变量 i 的值，使得 while 循环条件在某一个时刻不满足，而不再进行循环。如果是变量 i 每次加 2 呢？这样就是求 1～200 以内所有奇数的和。读者请思考，如何求 1～200 以内所有偶数的和，并编程检验。这个问题当然也可以使用 for 循环来处理，而且非常方便，读者可以先写出使用 for 循环的程序与本例对照。

根据以上对 while 循环的介绍，我们再进行一下深入的讨论。如何求 0～100 以内所有能被 6 整除的整数的和，例程 3-18 为代码。

```
1     #include <stdio.h>
2     int main () {
3         int   i ,sum ;
4         sum=0;
5         i=0;
6         while (i<100) {
7             sum=sum+i ;     //或  sum+=i ;
8             i+=6 ;
9         }
10        printf ("sum=%d",sum) ;
11        return 0;
12    }
```

例程 3-18　求 0～100 以内所有能被 6 整除的整数的和

例程 3-18 中，第 5 行与第 8 行相呼应，从 0 开始，每次循环加 6，所以得到如下整数序列 0、6、12…96，这些整数当然可以被 6 整除。第 8 行的 i+=6 表明了循环体中变量 i 的变化规律。还有第 4 行又出现了 sum=0，它的作用是给 sum 赋初值 0，若缺失赋初值的步骤，那么在第 7 行中第 1 次使用的 sum 是个不确定值（随机值），这样就得不到正确的结果了。例程 3-17 中的第 4 行/第 5 行和例程 3-18 中的第 4 行/第 5 行都是赋初值。注意：在使用变量前一定要确定变量的初值，在循环前一定要确定循环内使用的变量的值。但是，这个程序里或多或少地加入了一些人为计算的因素（因为我们知道从 0 开始，每次加 6 得到的数是可以被 6 整除的，但是，在使用 C 语言进行程序设计时，很多时候是不知道这些类似的规则的）。比如，输入 100 个整数，需要求出这 100 个数内所有可以被 6 整除的整数的和，以上程序的思路就没法起作用了。但是，我们还是有办法进行改进，改进例程 3-19 为所需代码。

```
1     #include <stdio.h>
2     int main () {
3         int   i ,sum ;
4         sum=0;
5         i=0;
6         while (i<100) {
7             if (i % 6 == 0) {
8                 sum=sum+i ;   //或  sum+=i ;
9             }
10            i = i +1;
11        }
12        printf ("sum=%d",sum) ;
13        return 0;
14    }
```

例程 3-19　改进的求 0～100 以内所有能被 6 整除的整数的和

在例程 3-19 中，while 循环体的第 7 行使用了一个 if 语句，判断如果 i 对 6 取余得 0，那么就将这个 i 加到最后的求和结果中。然后，在第 10 行将 i+1。这其实是一个遍历的过程，我们可以利用这种结构处理一组数据。

3．循环结构中的 break 和 continue

C 语言的循环结构支持 break 和 continue 关键字。while 循环和 for 循环中二者的使用方法一样，break 用于结束本次循环；continue 用于结束本轮循环，进入下一轮循环，并不终止循环。

循环条件除了是关系表达式或者逻辑表达式等一般形式以外，还可以是任意表达式，所以，产生了一些特殊的应用。这种情况下，若要循环无条件终止就必须要使用 break 关键字了。

前面讲到，循环中的循环条件如果是非 0，那么一直执行循环体。所以，在很多时候需要在循环体中修改循环变量让循环终止，否则，一个循环就成为"死循环"了。但是，如果循环条件不允许改变呢？比如，是一个常数，while(1)。这时候就需要使用中断循环的其他方法了。其中一种方法是使用 return，将整个函数返回，当然，while 循环也随之结束；另外一种方法，就是使用关键字 break。例如下面这个计算面积的例子。在数学中，三角形的面积计算公式是底乘以高，然后除以 2，下面要求读者编写一个程序，输入三角形的底和高，计算三角形面积。计算完成后，询问用户是否需要退出程序，若回答"Y"则退出；若回答其他字符，则进行新的计算。拿到这个题目之后，读者不要急于编写程序，而是应该大体上构思一下整个程序的运行过程，进行一个简单的设计。首先，肯定需要将用户输入的两个值读入程序，然后需要计算面积，最后给用户一个提示，问是否还需要继续计算三角形的面积。读者还应该知道，如果需要提供给用户一个重复操作的方式，需要一个循环结构。思路大体梳理清楚之后，就可以编写代码了。例程 3-20 是求三角形面积的代码示例。

```
1    #include <stdio.h>
2    int main ( ) {
3        int   a , h ;   //为简单起见,三角形的底边 a 和高 h 都是整型
4        float    s ;    //三角形的面积 s 被定义为浮点型
5        char   c_in ;
6        while   (1) {
7            printf ("\n 输入三角形底边长,输入后回车结束");
8            scanf ("%d",&a);
9            printf ("\n 输入三角形的高,输入后回车结束");
10           scanf ("%d",&h);
11           s=0.5*a*h ;    //求三角形面积
12           printf ("\n 三角形的底边长%d,高%d,面积%5.2f",a,h,s);
13           printf ("若需要退出程序按 Y 或 y,继续计算按其他键");
14           scanf ("%c",&c_in);
15           if (c_in=='Y' || c_in=='y')   break ; //退出 while 循环
16       } //while 循环结束
17       return0;
18   }
```

例程 3-20　输入底和高计算三角形面积

例程 3-20 的第 3 行到第 5 行根据需要进行变量定义，读者应该很熟悉了。程序的重点是第 6 行 while(1)，其中，1 是常数，常数单独形式表达式叫常量表达式，常量表达式的值就是常量的值，那么本例 while 中表示条件的表达式的值就是 1，非 0，这样这个 while 循环就会一直运行下去。每一次循环进入循环体之后，从第 7 行开始执行。第 7 行到第 9 行程序读入用户输入的两个值：三角形的底和高。第 10 行到第 12 行计算三角形的面积，将结果保存在变量 s 中，并向用户打印计算结果。此时，用户是否还需要继续计算呢？所以，在第 13 行是给用户的一个提示，如果输入 Y 或者 y,

说明不需要继续计算，退出程序，使用 break 强制退出当前（本层循环）while 循环。如果输入的是其他字符，第 15 行的 if 语句中的条件表达式为假，并不会执行到 break，所以再次进行下一次循环，计算三角形的面积。一种形象的说法是：在循环中退出 break 则跳转到本循环的 "}" 的右边，继续执行 while 循环下面的语句，如图 3-7 所示。

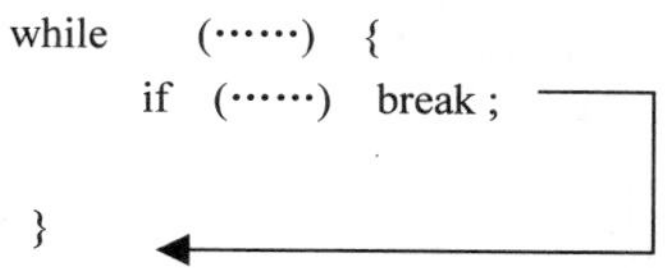

```
while    (……)    {
    if  (……)    break ;
}
```

图 3-7　break 的跳转流程

在平时的编程中，很多程序中的场景都像例程 3-20 一样，将程序的功能放在一个循环中，根据用户的选择来决定程序的走向。例程 3-20 中，break 的用意是中断循环。其实，还有另外一个机制可以中断本次循环，那就是使用关键字 continue。读者可以想象这样一种情景，用户在屏幕上不断输入字符，然后在连续输入的字符中分别统计所输入字符中元音字母 a、e、i、o、u 的个数，若输入了非字母字符则结束程序，在退出程序前打印出统计结果。

根据以上要求，编写一个统计元音字母的程序，例程 3-21 为代码示例。

```
1    #include <stdio.h>
2    int main () {
3        char    c_in = 'b' ;
4        int     a_num = 0, e_num = 0, i_num = 0, o_num = 0, u_num = 0;
5        printf ("请输入字符: ");
6        while (c_in>='a'&&c_in<='z'|| c_in>='A'&&c_in<='Z') {
7            scanf ("%c",&c_in);
8            if (c_in ! ='A'|| c_in ! ='E'|| c_in ! ='I'|| c_in ! ='O'
             || c-in ! ='U'||  c_in ! ='a'|| c_in ! ='e'
             || c_in ! ='i'|| c_in ! ='o' || c-in ! ='u')
9                    continue;
10           if (c_in= ='A'||   c_in= ='a')    a_num++;
11           else if (c_in= ='E'||   c_in= ='e')   e_num++;
12           else if (c_in= ='I'||   c_in= ='i')   i_num++;
13           else if (c_in= ='O'||   c_in= ='o')   o_num++;
14           else if (c_in= ='U'||   c_in= ='u')   u_num++;
15           //scanf ("%c",&c_in);
16       } // while 循环结束
17       printf ("元音 A 的数量%d,元音 E 的数量%d,元音 I 的数量%d,元音 O 的数量%d,
         元音 U 的数量%d", a_num,  e_num,i_num,o_num,u_num);
18       return 0;
19   }
```

例程 3-21　统计元音字母的个数

在第 7 行的 while 循环的循环条件中使用到了变量 c_in 中的字符值，所以在 while 循环之前，必须通过给 c_in 一个初值，以确保其进入循环体，否则就不能把这个条件放在 while 循环条件中（变量 c_in 中没有值）。然后，根据变量 c_in 中的值，判断是否满足 while 循环，如果满足进入循环体；否则不执行 while 循环，直接执行第 17 行的打印语句。当然，因为没有任何元音字母输入，所有的值都是 0（所以，在定义变量的时候都赋初值为 0）。进入循环体的条件是用户输入的字符是字母，且大小写字母都可以。在第 8 行进行判断，如果用户输入的值不是元音字母，那么就不用继续往下统计了，所以第 9 行出现了 continue，它的含义是结束本次循环，形象地说 continue 的含义是将流程跳转到循环的 "{" 的左边，即从 while 开始重新判断是否满足循环条件，进行循环操作。当然，

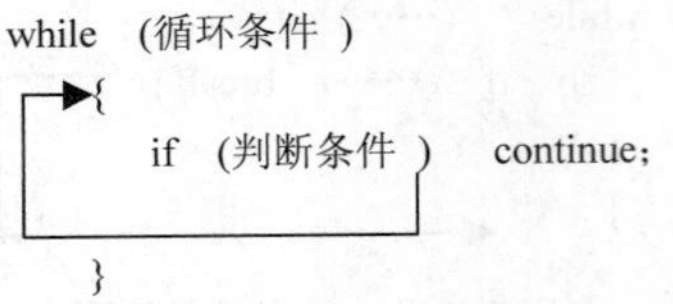

图 3-8　continue 的跳转流程

如果用户输入的是一个元音字母，也就是说第 8 行的条件不满足，不会执行 continue 终止本次循环。程序继续往下执行，此时，c_in 中的值肯定是一个元音字母。而到底是哪一个元音字母，需要使用一个 if 分支判断语句进行判断。针对不同的情形，相应的统计变量的值加 1，这样就实现了元音字母的统计。图 3-8 所示为其流程图。

这个程序的其他部分请读者自己分析，并整理程序的结构。然后亲自运行该程序，根据自己的输入判断程序的执行过程。当然，例程 3-21 还有其他很多的实现方法。读者可以对程序进行改动，设计自己的元音字母统计程序。

通过以上几个例子，读者应该可以了解 break 和 continue 的用法，在 for 循环中的 break 与 continue 和 while 循环中的用法一致，请读者自己用 for 循环改写本节的例程。

在 while 循环嵌套的时候，只有在内层循环完全结束后，外层循环才会进行下一次循环。这里，可以将内层循环看成一个语句，只有一条语句执行完之后，才会继续执行下一次循环。例程 3-22 所示为循环嵌套的例子。

```
1    #include <stdio.h>
2    void main() {
3        int nstars=1,stars;
4        while(nstars <= 10) {
5            stars=1;
6            while (stars <= nstars)  {
7                printf("*");
8                stars++;
9            }
10           printf("/n");
11           nstars++;
12       }
13   }
```

例程 3-22　循环嵌套打印

我们看一下例程 3-22 的执行过程。首先，外层循环控制变量 nstars 的初值为 1，程序执行到第 4 行的时候，循环条件满足，进入循环，然后，内层循环控制变量赋初值为 1。执行第 6 行的内层循环，条件满足，打印一个 "*"。然后，内层循环变量 stars 加 1，while 循环条件不满足，内层循环结束，执行第 10 行，打印一个换行，接着，nstars 加 1，表示这个外层循环一共要执行 10 次，循环变量 nstars 从 1 开始，每一次循环就加 1，也就是说外层循环控制了打印的行，以及每行需要打印的 "*" 的个数（从 1 开始，一直到 10）。内层循环打印所需个数的 "*"。打印出来应该是一个三角形状的图形。请读者认真分析剩余 while 循环执行的过程，体会循环嵌套的情况下，两层循环之间的关系。

在使用循环时一定要注意循环结束条件，否则，循环就成了死循环。while(1)又被称为无条件循环，即 while 循环的条件始终为真。当然在循环体内必须有退出循环的语句，否则就成死循环了。无条件循环在程序里面的应用还是很广泛的。

4．和 for 循环进行比较

学习编程语言并不需要盲目地记住某些范式或是格式，而是要首先分析其中的规律，然后根据规律进行理解学习。对于 for 和 while 循环而言，只要理解其中的规律就能够很好地应用了。那么，while 循环和 for 循环到底有什么区别呢？图 3-9 对这两个循环进行了比较。

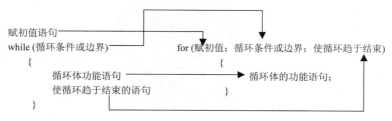

图 3-9 while 循环和 for 循环的比较

图 3-9 说明，for 循环结构可以看作 while 循环的一种"集成"形式，比如 for 循环将"赋初值""使循环趋于结束""循环条件或边界"放在一起，使用分号分隔，比较直观。因此，for 循环是一种广受欢迎的循环语句形式。但是，也要根据具体的应用场景选择需要的循环。比如，循环条件比较简单时，就没有必要使用 for 循环，因为，我们要缺省赋初值部分和循环结束部分，代码看起来比较奇怪。一般来讲，最容易理解的是 while 循环，最常用的是 for 循环。

使用 while 循环时需要注意以下几点。（1）在使用过程中，指定条件的返回值应为逻辑值（真或假），也可以说成 0 值或者非 0 值。（2）应该先检查条件，后执行循环体语句。也就是说，循环体中的语句只能在条件为真的时候才执行，如果第 1 次检查条件的结果为假，则循环中的语句根本不会执行。（3）因为 while 循环取决于条件的值，所以，它可用在循环次数不固定或者循环次数未知的情况下。一旦循环执行完毕（当条件的结果为假时），程序就从循环最后一条语句之后的代码行继续执行。（4）如果循环中包含多条语句，需要用大括号括起来，否则，while 循环只执行语句中的第 1 句。（5）和 C 语言中的其他语句形式一样，while 循环体中的每条语句应以分号结束。（6）while 循环条件中使用的变量必须先声明并初始化，才能用于 while 循环条件中。while 循环体中的语句必须以某种方式改变条件变量的值，这样循环才可能结束。如果条件表达式中的变量保持不变，则循环将永远不会结束，从而成为死循环。

我们在之前的章节里，使用 for 循环打印了一个月的月历。该月历要求输入天数和该月首日的星期，打印该月的月历。如：输入 29 表示这个月一共有 29 天，输入第 1 天为 3，表示这个月的首日是星期三，则打印月历如下。

星期天	星期一	星期二	星期三	星期四	星期五	星期六
			1	2	3	4
5	6	7	8	9	10	11
12	13	14	15	16	17	18
19	20	21	22	23	24	25
26	27	28	29			

那么我们应该如何使用 while 循环完成这个功能？简单分析一下，输入肯定是一样的，唯一有区别的地方是要把 for 循环改成 while 循环。修改之后的程序代码如例程 3-23 所示。

```
1      #include <stdio.h>
2      int main() {
3          int i =1, j=0;
4          int days, firstday,space;
5          scanf("%d,%d",&days, &firstday);
6          space = firstday%7;
7          while( j< space) {
8              printf("\t");
9              j++;
10         }
11         while(i<=days) {
12             printf("%d\t",i);
13             if (j%7==0) printf("\n");
14                 j++;
15             i++;
16         }
17         return   0;
18     }
```

例程 3-23   使用 while 循环打印月历

例程 3-23 是使用 while 循环实现的打印月历功能。很重要的一点是，在程序的开始第 3 行定义变量的时候，就要给变量赋初值。程序的第 7 行将原来的 for 循环改为 while 循环，其实是将原来 for 循环的循环条件保留，循环次数的控制放到循环体中，如第 9 行所示。同理，第 2 个 while 循环的改动是一样的。通过这个例子，读者可进一步理解 for 循环和 while 循环之间的对应关系。

3.3.3   do-while 循环

我们已经讨论了两种循环结构，分别是 while 循环和 for 循环。在这一节中我们来讨论第 3 种循环——do-while 循环。

在根据用户的输入判断程序是否终止的例程 3-15 中，我们使用的是 while 循环。为了让程序中的 while 循环能够至少执行一次，需要在循环体两次 while 循环开始前给 c_in 输入一个值。这样，循环条件成立，进入循环体内开始循环就显得有些多余。在这种情况下，另外一种循环结构就派上用场了，它就是 do-while 循环。它的一个优势就是能够保证循环体至少执行一次。下面我们看看如何改进之前的例程 3-15，要用到 do-while 循环。例程 3-24 是代码示例。

```
1      #include <stdio.h>
2      int main () {
3          char    c_in;
4
5          do {
6              printf ("\n 若想退出程序请输入 Y");
7              scanf ("%c",&c_in);
8          } while (c_in != 'Y'|| c_in != 'y');
9          return 0;
10     }
```

例程 3-24   使用 do-while 实现判断是否终止程序

这里简单地分析一下这个程序。我们以循环体为界限，while 循环中，关键字 while 是在循环体的前面；而在 do-while 循环中，while 关键字在循环体的后面。另外，在循环体的前面多了另外一个关键字 do，如例程 3-24 中的第 5 行和第 8 行所示。读者可以通过这个例子在感性上对 do-while 循环有个认识，它只是和 while 循环在形式上不一样，但是能够实现同样的功能。

在 C 语言中，do-while 语句的范式定义为：

```
do{
    语句
}while(循环条件表达式);
```

其中，该循环以关键字 do 开始，以关键字 while 和循环条件表达式结束。注意，结束的时候有一个分号"；"。和其他两种循环一样，中间的语句如果是复合语句，就要使用大括号将它们括起来。从字面意思上也很容易理解这个循环，开始执行语句，一直到循环条件不满足，结束。

do-while 循环的执行流程如下。首先，执行 do 后面的代码。然后，再判断 while 后面括号里的值，如果为真（非 0），循环开始，继续执行循环体里面的代码；否则，循环结束。

可以看出，do-while 和 while 循环的区别：while 循环先判断循环条件表达式的值，再决定是否执行循环体；而 do-while 循环先执行循环体，再判断循环条件表达式的值。如果循环条件表达式的值一开始就是假，while 循环的循环体一次都不执行，而 do-while 循环的循环体仍然要执行一次再跳出循环。

当然，作为循环的一种，do-while 循环也可以组成多重循环，而且可以和 while 循环相互嵌套。同时，用于控制循环流程的 continue 和 break 关键字也可以使用在 do-while 循环中。其执行过程可用图 3-10 表示。

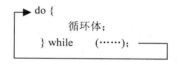

图 3-10　do-while 循环执行过程

下面通过一个例子，再来加深一下读者对 do-while 循环的理解。在前面一节中，我们使用 while 循环计算了 1～200 以内整数的和，那么如何通过 do-while 循环实现呢？第 1 个例子就是用 do-while 循环计算 1～200 以内整数的和。请看例程 3-25 所示代码。

```
1    #include <stdio.h>
2    int main() {
3        int i = 1,sum=0;
4        do {
5            sum = sum+i;
6            i++;
7        }while(i<=200);
8        printf("%d\n",sum);
9        return 0;
10   }
```

例程 3-25　使用 do-while 循环计算 1～200 以内整数的和

关于这个程序，这里还是要提示以下几点，请读者注意。首先，变量需要赋初值。特别是表示和的 sum 变量，我们给它赋初值为 0，这样可以确保它开始的值不是不确定的其他值。其次，变量 i 用于控制循环的次数，因此，第 6 行的变量控制语句同样重要。如果这一句不存在，变量 i 中的值就不会变化，那么这就是一个死循环。最后，由于有许多语句参加循环，所以需要用大括号把这些语句括起来。和其他复合语句的使用一样，这里还是建议读者在 do 和 while 之间加大括号，哪怕只有一条语句。

在应用程序中，经常会碰到限制输入的场景。比如，如果密码输入错误，会提示用户一直输入。检测密码会涉及很多复杂的问题，这里简化一下，要求用户必须输入 0～9 之间的数，否则，重新输入。很明显，在这个例子中，要求用户至少输入一次，也就是说，要先进行输入，再判断输入条件是否合适，不合适的话再进行输入。这正符合了 do-while 循环的理念。例程 3-26 是这个功能的代码和注释，请读者自己阅读分析，这里不再详细讲解。

```
1    #include"stdio.h"
2    int main() {
3        int num;
4        do{
5            printf("请输入 0～9 的数:"); //先进行输入提示
6            scanf("%d",&num); //从键盘读取一个数
7        }while(num>9||num<0); //如果这个数不在 0～9 内,也就是小于 0 或者大于 9,重新输入
8        printf("输入正确\n"); //输入正确则跳出循环并给出提示,\n 表示换行
9    }
```

例程 3-26　限制输入 0～9 之间的整数

3.3.4　goto 循环

至此，3 种基本的循环结构已经学习完毕，而在 C 语言中，还有一种特殊的循环，虽然大家不经常用到，但是这里还是要作一个简单的介绍。这个特殊的循环就是 goto 循环，主要用于实现无条件跳转。

结构化程序设计试图把典型的跳转模式总结成一个结构，并赋予抽象的逻辑意义，然而这些跳转模式并不能完全概括所有合理的跳转，有时候我们不得不求助于 goto。我们知道 break 只能跳出最内层的循环，如果在一个嵌套循环中遇到某个错误条件需要立即跳出最外层循环做出错处理，这时候就可以使用 goto 语句，例如以下应用场景：

```
for (...)
    for (...) {
        ...
        if (出现错误条件)
            goto error;
    }
error:
    出错处理;
```

这里的"error"叫作标号（label），任何语句前面都可以加若干个标号，每个标号的命名也要遵循标识符的命名规则，这个标识符加上一个":"一起出现在函数内某处，执行 goto 语句后，程序将跳转到该标号处并执行其后的语句。goto 语句过于强大了，从程序中的任何地方都可以无条件跳转到其他任何地方，只要在那个地方定义一个标号就行，唯一的限制是 goto 只能跳转到同一个函数中的某个标号处，而不能跳到别的函数中。通常 goto 语句与 if 条件语句连用，当满足某一条件时，程序跳到标号处运行。

通常 goto 语句只用于这种场合，即一个函数中任何地方出现了错误条件都可以立即跳转到函数末尾做出错处理（例如释放先前分配的资源、恢复先前改动过的全局变量等），处理完之后函数返

回。比较用 goto 和不用 goto 的两种写法，用 goto 语句还是方便很多。但是除此之外，在任何其他场合都不要轻易考虑使用 goto 语句。

　　goto 语句通常不用，主要是因为它将使程序层次不清，且不易读，但在多层嵌套退出时，用 goto 语句则比较合理。

　　滥用 goto 语句会使程序的控制流程非常复杂，可读性很差。著名的计算机科学家 Edsger W. Dijkstra 最早指出编程语言中 goto 语句的危害，建议取消 goto 语句。goto 语句不是必须存在的，显然可以用别的办法替代，比如上面的代码段可以改写为：

```
int cond = 0; /* 定义一个整型变量，如果出错赋值为 1 */
for (...) {
        for (...) {
                ...
                if (出现错误条件) {
                        cond = 1;
                        break; // 这个 break 只能退出内层循环
                }
        }
        if (cond)
                break;   //这个 break 在 cond 为 1 的情况下，退出外层循环
}
if (cond)   //如果 cond 为 1，那么处理错误
        出错处理；
```

　　禁用 goto 语句，这是 goto 语句引起的争议。一般来说，在程序代码里很少使用 goto 语句。当然，有的人主张慎用但不禁用 goto 语句，而本书中主张禁用，特别是对初学者来讲，goto 语句会造成对程序不清晰的理解。其实，goto 语句主要是和结构化设计的理念相冲突，它成了有争议的语句，主要有以下原因。首先，由于 goto 语句可以灵活跳转，如果不加限制，它的确会破坏结构化设计的风格。其次，goto 语句经常带来错误或隐患。它可能跳过了变量的初始化、重要的计算等语句，例如以下使用方法：

```
int number = 0;
…
goto state;
number = 100; //被 goto 跳过，没有执行赋值操作
…
state:
//使用变量 number 里的值的代码
```

3.3.5　分支结构之 switch

　　在开始本小节的学习之前，请读者回顾一下我们在学习 if 分支结构的时候使用的例程 3-11。这个程序要求根据某个月份打印该月份的天数，当时，我们使用的是 if 语句嵌套的形式完成的。不知道读者在练习这个程序的时候有没有感觉到 "if (month==)" 这种判断过于烦琐，虽然是嵌套，但是重复了 12 次。其实，在编写程序时，经常会碰到按不同情况分别进行处理的多路问题，这时，可用嵌套 if-else-if 结构来实现。但 if-else-if 语句使用不方便，而且深度嵌套容易出错。针对这种情况，C 语言提供了一个开关结构，也称为 switch 语句。先看使用 switch 语句如何实现例程 3-11 中的功能，

然后再对该结构进行详细讲解。例程 3-27 是用 switch 实现的代码示例。

```
1    #include <stdio.h>
2    int main () {
3        int month;
4        scanf("%d",&month); //读入月份
5        switch (month) { //switch 语句开始
6        case 1:
7            printf("1 月有 31 天\n");
8            break;
9        case 2:
10           printf("2 月有 28 天\n");
11           break;
12       case 3:
13           printf("3 月有 31 天\n");
14           break;
15       case 4:
16           printf("4 月有 30 天\n");
17           break;
18       case 5:
19           printf("5 月有 31 天\n");
20           break;
21       case 6:
22           printf("6 月有 30 天\n");
23           break;
24       case 7:
25           printf("7 月有 31 天\n");
26           break;
27       case 8:
28           printf("8 月有 31 天\n");
29           break;
30       case 9:
31           printf("9 月有 30 天\n");
32           break;
33       case 10:
34           printf("10 月有 31 天\n");
35           break;
36       case 11:
37           printf("11 月有 30 天\n");
38           break;
39       case 12:
40           printf("12 月有 31 天\n");
41           break;
42       default:
43           printf("不是一个合法的月份");
44       } //switch 结束
45       return 0;
46   }
```

例程 3-27　使用 switch 语句打印每个月的天数

使用 switch 之后的例程 3-27，要比之前的 if 嵌套语句更加清晰，这不仅表现在代码的阅读上，更重要的是表现的程序执行的层次上。我们举个简单的例子，在 if 嵌套的实现中，如果 month 为 12，那么就要从第 1 个 if 开始判断，不成立，然后第 2 个，依次往下判断，直到 month 为 12 的那条 if 语句。这就增加了代码理解上的难度。读者或许已经发现，在 switch 语句的实现中，把所有可能值都并排罗列在一起，所以代码的执行过程不会那么复杂。这就是 switch 语句在处理多分支情况时的优势。我们现在就来认识一下这个强大的结构。

1．switch 语句的范式

在 C 语言中，switch 结构主要使用 3 个关键字，分别为 switch、case 和 default。switch 语句的范式如下：

```
switch (控制表达式) {
case 表达的常量值 :
  语句
  break;
case 表达式的常量值:
  语句
  break;
...
default :
  语句
  break;
}
```

通过以上范式可以发现，switch 结构以关键字 switch 开始，接着是用小括号括起来的控制表达式，然后是一个大括号对"{}"括起来的处理部分。这种结构在之前的学习中已经见过太多了，如 if、while、for 等，请读者牢记范式的组成部分，比如，忽略了控制表达式外面的括号是不对的。在 switch 结构中，控制表达式必须有一个常量值，并且，该表达式只求值一次。然后，根据计算的常量值，来决定执行哪个 case 后面的语句。这里，case 顾名思义，就是情况的意思，即在这种情况下，应该如何处理。每个 case 对应着一种处理情况，这个 case 的处理以 break 结束，也就是说，到了 case 之后，随后的所有语句都会一直运行，直到遇到一个 break 为止。如果在控制表达式的计算结果中没有对应的处理 case 语句，那么就使用到了 default。这个关键字表示，在缺省的情况下（case 处理里面没有考虑到）应该如何处理。最后，switch 语句结束之后，程序从 switch 结束大括号之后的第 1 个语句继续执行。

通俗地讲，switch 语句要表达的语义是：计算控制表达式的值，并逐个与其后的常量表达式值相比较。当表达式的值与某个常量表达式的值相等时，即执行其后的 case 语句，并不再进行判断；如果当前 case 中没有 break，则继续执行后面所有 case 后的语句，一直到 break 或者语句执行完毕结束。当表达式的值与所有 case 后的常量表达式均不相同时，则执行 default 后的语句。

关于 switch 语句中的分情况处理语句，即 case 语句还有以下说明：（1）如果有多条语句，可使用大括号组合多个语句，即把各个小语句组合成一个大的复合语句；（2）大括号内的语句具有局部作用域，大括号内外如果有同名的变量定义时，内部的同名变量会屏蔽外部的同名变量。

2．switch 语句的执行流程

switch 语句的执行流程如下。首先，计算 switch 后面小括号中表达式的值。然后，用此值依次与各个 case 中的常量表达式比较。若小括号中表达式的值与某个 case 后面的常量表达式的值相等，那么执行此 case 后面的语句，执行后遇 break 语句就退出 switch 语句，否则，继续执行下一个 case 语句；若小括号中表达式的值与所有 case 后面的常量表达式都不等，则执行 default 后面的语句，然后退出 switch 语句，程序流程转向 switch 语句的下一个语句。

注意，假如控制表达式的值和任何一个 case 语句都不匹配，同时没有发现一个 default 语句，程序会跳过整个 switch 语句，从它的结束大括号之后的第 1 个语句继续执行。

这里请读者思考，常量表达式的值为 0.1 行吗？-0.1 呢？-1 呢？0.1+0.9 呢？1+2 呢？3/2 呢？'A' 呢？"A" 呢？变量 i（假设 i 已经被初始化）呢？NULL 呢？等等。这些情形希望读者亲自上机测试一下，看看到底哪些行，哪些不行。

3．switch 语句的例子

switch 语句非常有用，但在使用时必须谨慎。所写的任何 switch 语句都必须遵循以下规则。（1）只能针对基本数据类型使用 switch，这些类型包括 int、char 和枚举型等；对于其他类型，则必须使用 if 语句。（2）case 标签必须是常量表达式，如 42 或者 '42'，仅起语句标号作用，并不进行条件判断。系统一旦找到入口标号，就从此标号开始执行。如果需要在运行时计算 case 标签的值，必须使用 if 语句。（3）case 标签必须是唯一性的表达式，也就是说，不允许两个 case 具有相同的值，否则会出现相互矛盾的现象（即对表达式的同一值有两种或两种以上的执行方案）。（4）各个 case 及 default 子句的先后次序不影响程序执行结果。（5）多个 case 子句可共用同一语句组。（6）用 switch 语句实现的多分支结构程序，完全可以用 if 语句或 if 语句的嵌套来实现。

第（5）条规则，多个 case 子句可共用同一语句组，是指可以连续写一系列 case 子句（中间不能有额外的语句），从而指定自己希望在多种情况下都运行相同的语句。如果像这样写，那么最后一个 case 标签之后的代码将适用于之前列出的所有 case。例如：

```
switch (month) {
    case 1 :
    case 2 : // 允许贯穿，case 语句之间无额外代码
    case 3:
        printf("第 1 季度\n"); // 针对月份为 1~3 情况都会执行的代码
        break;
    case 4 :
        printf("4 月\n");
    case 5 :
        printf("5 月\n");
        break;
}
```

上面这个 switch 语句包含两个要点：第一，case 之间可以连续写，比如，如果 month 的值为 1、2 或者 3，都会打印"第 1 季度"，然后结束；第二，某个 case 中没有 break 语句会执行下一个 case，一直到 break，比如，如果 month 的值为 4，则程序会先打印"4 月"，然后再打印"5 月"。

我们之前举了一个打印月份中天数的例子，现在再举一个相对简单的例子。要求用户输入一个

数字，如果是 1，则打印星期一的英文单词"Monday"，如果是 2 打印星期二的英文单词"Tuesday"，以此类推，如果是 7，打印星期天的英文单词"Sunday"。如果是其他数字，则打印"Error"。例程 3-28 是使用 switch 语句的实现代码。

```
1     #include <stdio.h>
2     int main() {
3         int a;
4         printf("请输入一个整数:        ");
5         scanf("%d",&a);
6         switch (a){
7             case 1:printf("Monday\n");
8             case 2:printf("Tuesday\n");
9             case 3:printf("Wednesday\n");
10            case 4:printf("Thursday\n");
11            case 5:printf("Friday\n");
12            case 6:printf("Saturday\n");
13            case 7:printf("Sunday\n");
14            default:printf("Error\n");
15        }
16    }
```

例程 3-28　根据输入打印对应的单词

本程序是要求输入一个数字，输出一个英文单词。但是，当输入 3 之后，却执行了 case3 以及以后的所有语句，输出了 Wednesday 及以后的所有单词。这当然不是所希望的结果。为什么会出现这种情况呢？这恰恰反应了 switch 语句的一个特点。在 switch 语句中，"case 常量表达式"只相当于一个语句标号，表达式的值和某标号相等则转向该标号执行，但不能在执行完该标号的语句后自动跳出整个 switch 语句，所以出现了继续执行后面所有 case 语句的情况。这是与前面介绍的 if 语句完全不同的，应特别注意。为了避免上述情况，C 语言还提供了一种 break 语句，专门用于跳出 switch 语句。break 语句只有关键字 break，没有参数。修改例程 3-28，在每一个 case 语句之后增加 break 语句，使每一次执行之后均可跳出 switch 语句，这样就可以避免输出不应有的结果。例程 3-29 为修改后的代码。

```
1     #include <stdio.h>
2     int main() {
3         int a;
4         printf("请输入一个整数:        ");
5         scanf("%d",&a);
6         switch (a){
7             case 1:printf("Monday\n");break;
8             case 2:printf("Tuesday\n"); break;
9             case 3:printf("Wednesday\n"); break;
10            case 4:printf("Thursday\n"); break;
11            case 5:printf("Friday\n"); break;
12            case 6:printf("Saturday\n"); break;
13            case 7:printf("Sunday\n"); break;
14            default:printf("Error\n");
15        }
16    }
```

例程 3-29　修改后的根据输入打印对应的单词

总结一下，在使用 switch 语句时还应注意：switch 语句完全可以用 if 语句代替；每一个 case 块的最后一个语句要有 break 语句，否则将运行到下一个 case 块中去。还需要注意的是，switch 语句只适用于基本类型的变量作条件（包括扩充基本类型）。default 块可以省略，但是建议读者不要省略，即使不用也加上。

3.4 本章小结

结构在语言里面具有很重要的作用。在自然语言里，没有结构的话语，我们称之为语无伦次，是不可理解的，哪怕你使用了特别美妙的词汇或者语句。对应到 C 语言中也是一样的，就算你的表达式或者语句写得十分优秀，如果没有一个很好的组织结构，那么，程序也是混乱的，我们称之为没有逻辑。没有逻辑的程序是一点价值都没有的。在编写程序之前，很重要的一步就是要弄清楚整个程序的结构。

程序的结构主要分为 3 种：顺序结构、分支结构和循环结构。顺序结构是最简单的一种结构，顾名思义，只要把语句排列好，让语句按照顺序执行就可以了。但是，在使用时需要注意的是，不能颠倒顺序，否则就会出现运行的错误。

分支结构让程序可以分别去处理不同的情况，让程序的表达更加丰富。在分支结构中，首先讲了一个很重要的 if 分支结构。它主要包含 3 种形式，3 种形式的 if 语句中，在 if 关键字之后均为表达式。该表达式通常是逻辑表达式或关系表达式，也可以是其他表达式，如赋值表达式等，甚至还可以是一个变量。该表达式决定着程序执行的分支，所以不能写错。这里，最容易出错的就是把等于写成赋值，如果这样的话，就把本来的判断语句变成了一个总为真值的赋值语句。虽然这种写法是允许的，编译器也检查不到错误，但是它存在语义上的错误。因为其后的语句总是要执行的，所以程序是错误的。当然这种情况在程序中不一定会出现，但在语法上是合法的。

在使用 if 分支结构的时候，条件判断表达式必须要用括号括起来，在语句之后必须加分号。另外，在 if 语句的 3 种形式中，所有的语句应为单个语句，如果想在满足条件时执行一组语句，则必须把这一组语句用大括号对 "{}" 括起来组成一个复合语句。但要注意的是，在 "}" 之后不能再加分号。一般情况下，虽然只有一条语句，我们还是习惯将大括号加上，养成一个好习惯，防止以后的编程中出现错误。作为一种结构，if 结构允许嵌套使用。

在多分支结构中，多层 if 的嵌套使得程序变得复杂和烦琐，在这种情况下，switch 多分支结构更加方便使用。它主要有以下几个优势。

（1）简化每种情况对应的操作，使得与每种情况相关的代码尽可能精练。

（2）不要为了使用 case 语句而刻意制造一个变量。case 语句应该用于处理简单的、容易分类的数据。如果程序中的数据并不简单，那可能使用 if-else-if 的组合更好一些。为了使用 case 而刻意构造出来的变量很容易把人搞糊涂，应该避免应用这种变量，例如：

```
char action = a[0];
switch (action) {
    case 'c':
```

```
        fun1 ();
        break;
    case 'd':
        …
        break;
    default:
        break;
}
```

这里控制 case 语句的变量是 action，而 action 的值是取字符数组 a 的一个字符。但是这种方式可能带来一些隐含的错误。一般而言，当你为了使用 case 语句而刻意去造出一个变量时，真正的数据可能不会按照你所希望的方式映射到 case 语句里。在这个例子中，如果用户输入字符数组 a 里面存的是 "const" 这个字符串，那么 case 语句会匹配到第 1 个 case 上，并调用 fun1 函数；如果这个数组里存的是其他以字符 c 开头的任何字符串（比如 "col"、"can" 等），case 分支同样会匹配到第 1 个 case 上。但是这也许并不是我们想的结果，这个隐含的错误往往使人困惑。如果这样的话还不如使用 if-else if 组合。

（3）把 default 子句只用于检查真正的默认情况。有时候，在程序里，判断各种情况的时候，只剩下最后一种情况需要处理，于是就决定把这种情况用 default 子句来处理。这样也许会让读者觉得更省事，但是却很不明智。因为这样将失去 case 语句的标号所提供的自说明功能，而且也丧失了使用 default 子句处理错误情况的能力。所以，建议读者不要偷懒，使用 case 语句把每一种情况都完成，而把真正的默认情况的处理交给 default 子句。

总体来说，switch 和 if 语句都是 C 语言中的分支结构，从语法上来说，两者的作用相同。if 语句能完成的功能使用 switch 语句也可以完成，同样，switch 语句能完成的功能 if 语句也能完成。但两者的应用场景略有不同，if 语句多应用于分支不是太多的情况，而 switch 主要用于多分支的情况。

除了以上两种结构外，还存在另外一种很重要的结构，即循环结构。循环结构有 4 种形式，包括 for 循环、while 循环、do-while 循环和 goto 循环。但是，经常使用的只有前 3 种循环。在这 3 种循环里，for 循环可以很容易地控制循环次数，多用于事先知道循环次数的情况下。在初始条件不明确的时候，使用 while 可能会好一些。在编写程序的时候，有一种场景要先进行输入，再判断输入是否满足条件，不符合条件的话再进行输入。这正符合了 do-while 循环的理念。do-while 循环和其他两种循环有一个很明显的区别，do-while 循环至少做一次循环，而 for 循环与 while 循环可能一次循环都不做。在学完这 3 个循环后，应明确它们的异同点，特别是在循环的结构方面：用 while 和 do-while 循环时，循环变量的初始化操作应在循环体之前，而 for 循环一般在语句 1 中进行；while 循环和 for 循环都是先判断表达式后执行循环体，而 do-while 循环是先执行循环体后判断表达式。另外，还要注意的是这 3 种循环都可以用 break 语句跳出循环，用 continue 语句结束本次循环；而 goto 语句与 if 构成的循环，是不能用 break 和 continue 语句进行控制的。

3.5 练习

习题 1：编写一个要求用户输入密码的界面，若用户输入了与预先保存在程序内部的数字密码匹配的密码，程序显示欢迎信息，若 3 次输入错误则退出程序。

习题 2：编写一个程序，求任意输入的日期（公元元年后）是星期几？（注：公元元年 1 月 1 日是星期一。）

习题 3：设屏幕的纵轴为 x，横轴为 y，任意输入 a、b、c，打印 y=a*sin（b*x）+c 的字符图形。

习题 4：输入一个整型数，输出它的所有因子。

习题 5：项目作业：编写月历程序，输入 1980 年后任意年、月的数字，要求打印该年、月的月历并上机调试成功。

习题 6：项目作业：为本章的月历程序增加一个人机界面，界面可以让用户选择是否退出程序或继续进行新月历的打印。

第4章 数组

在本章的学习中，我们将解决一些给我们带来麻烦的问题。读者可以仔细回忆一下，在之前的实例中还是用到了一些非常不简洁的代码。如果没有印象，可以翻阅一下前文，看看哪个实例最冗余。在打印月历相关的实例中，要求根据月份打印该月的天数。我们首先使用 if 语句，嵌套了 12 次进行打印，然后改成 switch 语句，列出了 12 种可能的情况，才能完成每个月天数的打印功能。有些读者就会问了，我们不是学过循环嘛，循环的一个很重要的功能就是去做重复的事情，为什么当时不使用循环去做呢？那么，读者去尝试过吗，可以通过循环做出来吗？其实，还是有些难度的。假如每个月都有 30 天，那就容易了，我们只要使用任何一个循环就可以完成打印的任务。但是，关键点在于，每个月的天数是不一样的，所以，这就给我们要使用循环的这个美好的想法泼了点冷水。但是，C 语言考虑到了这种情况，所以给出了一种解决办法，这种办法就是本章要学习的数组。从名字来看，数组其实就是一组数据的集合。举个简单的例子，我们让 10 个同学站成一排，每个同学的身高都不一样，这就和我们每个月的天数不一样是一回事。那么，我们怎么表示这 10 个同学的身高呢？很明显，第 1 个同学 1.7 米，第 2 个同学 1.6 米等。这就是数组的思想。首先为数组起个名字，知道它里面是有关身高的数据，然后，给每个同学编一个号，我们可以通过这个编号取到这个同学的身高值。

还有另外一种情况，输入 3 个整数并求 3 个数之和这种程序很容易，只要 3 个变量保存数据，然后相加即可。但是，如果求 30 个数或 300 个数的和，再用这种方法就不行了，无疑增加了我们的工作量和程序的复杂度，所以，处理大规模的数据要用新方法，这种情况下也需要应用本章要讨论的数组。总之，在本章我们能看到数组为我们处理大量数据提供了方便之门。

在程序设计中，为了处理方便，需要把具有相同类型的若干变量以有序的形式组织起来，这些按序排列的同类数据元素的集合称为数组，可以为该数据集合起一个名字，称为数组名。这里请注意几个关键词，"相同类型的""若干""有序的"。这说明数组里的数应该是相同类型的，然后，应该是有具体长度的，而且每个元素在数组中都是有序排放的。在 C 语言中，数组属于构造数据类型，一个数组可以分解为多个数组元素，这些数组元素可以是基本数据类型或是构造类型。因此，按数组元素的类型不同，数组又可分为数值数组、字符数组、指针数组、结构数组等各种类别。这里，我们先学习数值数组和字符数组，后两种数组在学习指针和结构体的时候再学习。

数组可以是多维的。我们前面说过，排成一队的 10 个人的身高，但是，读者想想如果是排成 10 行 10 列一共 100 个人的身高呢？我们通常会说，第几行第几列的同学的身高。这就是一个二维的数组。在本章中我们只介绍一维数组，举个简单的例子，我们只介绍 10 个人的身高如何保存。至于多维的数组，在后面的章节继续学习。缺省情况下，本章提到的数组都是指一维数组。

4.1 用数组简化编程

　　通过前面 3 章的学习，我们了解到 C 语言里几个很重要的组成部分，包括数据类型、运算符和程序结构。为了让读者有一个清晰的概念网络，这里先提一个问题，数组属于以上的哪个部分呢？我们知道，为了便于进行数据的操作，C 语言语法要求每个数据必须具有某种相应的数据类型。比如，我们定义一个整型变量，用于存放整数。整型又称为原子类型，它是由 C 语言语法所规定的数据类型，对其进行的操作也基本固定，用户不可以修改类型定义的内容。实际上，这些基本类型不能完全满足编程的所有需求，比如说需要统计整个学校的学生的平均年龄，这个应用显然要处理大量数据，为此 C 语言中还设计了一种类型，就是构造数据类型，又可以称为用户自定义类型，其特点是用户可以通过特定的关键字，在原子类型的基础上进行新的类型定义来方便编程。好了，我们问题的答案就是，数组是一种数据类型，并且是一种构造数据类型。

　　依然回到打印月历的例子，看看数组能不能帮我们使问题变得更加简单。一年中，每个月的天数分别为 31、28、31、30、31、30、31、31、30、31、30 和 31。请读者观察，这些数字有没有共同的规律（注意，我们这里不是比较数字的大小）。最重要的规律是，这些数字全都是整数。如果我们在程序里保存这些数字，当然可以使用 12 个整型的变量，但是很麻烦。如果利用数组存放 12 个月的天数则十分简洁：

```
int days[12];
```

　　上面代码的含义是 12 个整数组成一个集合，它的名字为 days，我们把这个集合称为一个整型数组。显然，这种方式比起 12 个变量来会使得程序更加简单。数组的用途就是组织处理大量的同类型数据，下面慢慢介绍。

4.1.1　数组的定义

　　C 语言提供的可以存储一个固定大小的相同类型元素的有序集合被称为数组。如同变量在使用之前需要定义一样，数组在使用之前也需要定义类型。这里，数组的类型就是数组存放的具有相同类型元素的类型，即元素的类型。数组，确切地说是一维数组的定义的一般形式为：

```
类型说明符  数组名[常量表达式], ...;
```

　　其中，类型说明符是任一种基本数据类型或其他构造数据类型（后续章节会学习）；数组名是用户定义的一个合法的标识符，一般要能够表达这个数组的含义。中括号中的常量表达式表示数据元素的个数，也称为数组的长度，必须是一个大于 0 的整数常数。例如：

```
int days[12];
```

定义了可以存放 12 个整型变量的数组，名字为 days，相当于定义了 12 个整型变量，分别为 days[0]、day[1]...day[11]。这里的 0～11 称为数组的下标。下标从 0 开始，依次数到数组的长度减 1，在上面的例子中是到 11。在定义一个变量的时候，系统会根据变量的类型为这个变量分配相应的内存空间。同理，这里相当于定义了 12 个变量，系统也会分配 12 个整型变量大小的空间（即如果一个整型的大小是 2 字节，会分配 24 字节大小的内存空间），并且这 12 个变量在内存中是连续的。只要找到其中的任意一个，下标加 1 就可以找到下一个后继的元素，而下标减 1 就可以找到上一个先驱的元素。当然，可以通过下标找到数组中的任何一个元素，比如，如果想找第 3 个元素，那么，就是 a[a]。这里要注意：数组元素从 0 开始排序，所以最大下标是"容量"减 1，即 12 个元素的数组，最大下标是 11。

下面，再看数组定义的其他几个例子：

```
float b[10],c[20];
char ch[20];
```

第 1 行定义两个数组，数组之间使用逗号分隔符","进行分隔。一个数组为浮点型数组 b，包含 10 个元素；另一个为浮点型数组 c，包含 20 个元素。第 2 行定义了一个字符型数组 ch，这个数组里包含 20 个元素。请读者注意，和定义完一个变量类似，定义完一个数组之后，系统会根据定义的数组类型和长度为其分配内存，但是一定要注意，数组元素的值是不确定的。

在定义数组时还要注意，不能用变量定义数组大小，例如：

```
int size;
int a[size];
```

以上代码是错误的，C 语言不允许动态定义数组大小，而用变量定义数组容量违反了这个规则。同理，下面的代码也不行。

```
int size
scanf ("%d", size);        //通过输入给 size 一个值
int a[size]
```

以上代码也是错的。

4.1.2 数组的初始化

在前面使用变量的时候，我们知道一个变量在定义好之后，它里面的值是不确定的。为了保证程序的正确性，需要对变量进行初始化，使得这个变量有一个确定的初值。数组也是一样的，定义好了一个数组之后，里面的内容是不确定的。我们可以通过一个具体的例子来说明问题，例程 4-1 是打印定义好的数组里面的一个元素。

```
1    #include <stdio.h>
2    int main () {
3        int a[5];
4        printf( "数组的第 1 个元素:%d\n", a[0] );
5        return 0;
6    }
```

例程 4-1 打印数组的一个元素

读者可以多次运行这个程序，并且查看一下输出的结果，可以发现这个数字是不确定的。如果在之后的程序中直接拿过来使用，就会导致莫名其妙的问题。当然，最简单的解决方法就是给这个数组中的元素赋一个初值，比如为 0。我们可以这么做，从第 1 个元素开始依次赋值为 0，即 a[0] = 0;，a[1]= 0;，a[2] = 0;，a[3] = 0;，a[4] = 0;。这是没有什么问题的，但是过于烦琐。我们一直说，学以致用，通过之前的学习，有没有解决方案？在这里是不是在做重复的操作，那就用循环啊！请看例程 4-2。

```
1    #include <stdio.h>
2    int main() {
3        int i, a[5];
4        for (i = 0; i < 5 ; i++) {
5            a[i] = 0;              //使用变量 i 依次编译数组下标
6        }
7        return 0;
8    }
```

例程 4-2   使用循环赋值

对于一个初始化操作，例程 4-2 好像还是有点复杂。给数组赋值的方法除了用赋值语句对数组元素逐个赋值外，还可采用初始化赋值的方法。数组初始化赋值是指在数组定义时给数组元素赋予初值。数组初始化是在编译阶段进行的，这样将减少运行时间，提高效率。初始化赋值的一般形式为：

类型说明符   数组名[常量表达式]={值，值...值};

其中，数组中元素的值使用大括号"{}"括起来，每个值之间通过逗号","分隔，但是，值的个数不能超过常量表达式的值。当然，如果常量表达式为空，大括号中可以放置多个需要的值。

初始化最简单的形式就是根据数组元素的个数，在大括号中使用一个值对应一个大括号中的元素，比如以下这个初始化语句：

int ages[5] = {15, 25, 34, 66, 38};

大括号中的值和数组元素一一对应，也就是说，以上这个初始化语句和以下的赋值语句是等价的：

ages[0] = 15;

ages[1] = 25;

ages[2] = 34;

ages[3] = 66;

ages[4] = 38;

但是，并不是要求初始化值的个数和数组元素的个数必须是相同的，可以部分对数组元素进行赋初值，比如以下的初始化也是正确的：

int ages[5] = {15, 25, 34};

上面这个初始化相当于对数组 ages 中的前 3 个元素赋初值，后面两个元素自动赋值为 0。

当然，如果数组定义中的常量表达式省略，即不明确指定数组的大小，可以在大括号里面任意指定数组中元素的值。当然，必须保证有足够大的内存空间容纳这些值，示例代码如下：

int ages[] = {15, 25, 34, 66, 38,22,32, 19};

以上的这种初始化形式不需要明确地指定数组的大小。初始化之后数组的大小是由大括号中值的个数决定的。示例中完成初始化操作之后，数组 ages 中的元素个数为 8 个。读者可以编写一个程序来验证一下这个结论。

4.1.3   数组元素的访问

如同变量的访问，数组元素的访问包括读和写。前面已经讲过了数组元素的赋值操作，赋值操作就是一种写操作。所以，读者应该对写操作不陌生了。形式很简单，就是通过数组名，然后使用中括号"[]"指定想要写入的数组元素。再次提醒：在 C 语言中，下标是从 0 开始的，即第 1 个元素的下标为 0。下面的代码可以对数组的 5 个元素依次赋值：

int ages[5];
ages[0]=88;ages[1]=77;ages[2]=66;ages[3]=55;ages[4]=44;

由于下标从 0 开始，所以 ages[4]是最后一个元素。

这里请读者特别注意，初学者经常犯的一个错误就是下标访问：

```
ages[5] = 33;          //没有 ages[5]这个元素
```

我们可以利用循环来简化对一维数组的访问。下面是一些常用的访问方法。

首先，确定以下定义 int a[10],i;。

1．所有元素赋固定值，本例为 0

```
for (i = 0; i < 10; i++)
  a[i] = 0
```

2．利用循环给数组赋一个与下标有关的值，本例为下标的 2 倍

```
for (i = 0; i < 10; i++)
  a[i] = 2*i;
```

3．依次向 a[i]赋值

```
for (i = 0; i < 10; i++)
  scanf ("%d", &a[i]);
```

通过上面 3 个示例可以了解访问数组中每一个元素的基本手段是利用循环。依次访问数组的每一个元素被称为遍历。下面来看一个遍历应用的简单例程，见例程 4-3。

```
1       #include "stdio.h"
2       int main () {
3         int i, a[10], sum;
4         for(i = 0; i < 10; i++)
5         scanf("%d", &a[i];)
6         for(i = 0, sum = 0; i < 10; i++)
7           sum + = a[i];
8         for(i = 0; i < 10; i++)
9           printf("%>d", a[i]);
10          printf("\n sum = %d",sum);
11      }
```

例程 4-3　从键盘任意输入 10 个整数，要求输出所有输入的数值，并输出它们的和

例程 4-3 的第 4 行和第 5 行利用遍历输入，第 6 行和第 7 行利用遍历求和，第 8 行和第 9 行利用遍历输出，希望读者仔细分析理解。这个程序有一个小问题：此程序只可以处理 10 个数据，那么要处理 20 个数据该如何修改程序？答案是将第 3、4、6、8 行的 10 变成 20。这种做法虽然可以，但应对频繁或大量修改时效率低且易错。例程 4-4 演示了比较好的方法。

```
1       # include "stdio.h"
2       # define N 10
3       int main(){
4         int i, a[N], sum;
5         for (i=0;i<10;i++)
6         scanf("%d",&a[i]);
7         for (i=0;sum=0;i<N;i++)
8           sum+=a[i];
9         for (i= 0 ; i < N; i ++)
10      printf("%>d",a[i]);
11      printf("\n sum=%d", sum);
12      }
```

例程 4-4　对例程 4-3 的改进

现在只需在#define N 10 中改变 N 所定义的常量值就可以满足对其他数量的需求。

4.1.4　一维数组的常用算法

通过之前的学习可以知道，一维数组可以存储相同类型的数据，比如一个班级的成绩、学生的身高等。如果需要操作数组中的元素呢？比如，查找一个班级所有学生的最高成绩，增加一个学生的成绩，删除一个学生的成绩，将成绩从高到低排序（这是每个老师必须要做的事情）。这就涉及数组的常用算法，通过这些算法，可以方便地操作数组中的数据。

在数组数据的处理中，排序是非常重要的，它可以使数据更有条理，方便数据的其他处理。在日常生活中，经常用到数据排序的情况有考完试后个人成绩的排名、运动会上班级总分的排名等。这些排序如果通过人工完成，是非常浪费时间的。有些读者或许会说，可以使用 Excel 软件来代劳。那么，Excel 软件排序的本质方法是什么呢？这就是我们本小节需要学习的内容。

在本小节中，我们首先介绍一维数组的一些基本算法，包括数组元素查找、求数组中的最大值、将数组元素逆序、删除数组元素、添加数组元素。随后，我们将学习一些常用的排序算法。

1．查找数组元素

给定一个数组，输入一个元素值，在数组中查找这个元素，如果找到则输出这个元素的下标，否则，输出"没有找到"。

为了简单起见，假设一个班级的人数为 10 人。我们有一个保存了全班成绩的数组 score，数组元素的值分别为 10、20、30、40、50、60、70、80、90、100。这里需要编写一个程序来查询某一个输入成绩对应的数组下标，即成绩是 60 的是哪位？

显而易见，如果要找到这个元素，需要对数组进行遍历，依次比较数组元素是不是和输入的查询数据相等。例程 4-5 为具体的代码。

```
1   #include <stdio.h>
2   int main () {
3       int score[10] = {10, 20, 30, 40, 50, 60, 70, 80, 90, 100}
4       int index = -1;
5       int i = 0;
6       int input = 0;
7       printf("请输入一个需要查询的成绩:\n");
8       scanf("%d", &input);
9       for (i= 0 ; i < 10;i ++) {
10          if (score[i] == input) {
11              index = i;
12              break;
13          }
14      }
15      if (index == -1) {
16          printf("没有找到%d.\n", input);
17      } else {
18          printf("%d 的下标为%d. ", input, index);
19      }
20  }
```

例程 4-5　在一维数组中查找元素

在例程 4-5 中，第 3 行定义了一个数组 score，保存了 10 个人的成绩。第 4 行定义了一个变量 index，这里为其赋初值-1，表示没有找到的情况。我们知道，数组的下标是从 0 开始的，所以这里使用-1 表示没有找到这种特殊情况。第 6 行到第 8 行是读入用户输入的查询成绩值，并保存在变量

input 中。第 9 行到第 14 行，依次遍历数组 score，查询是否存在变量 input 中值的元素，如果找到，将变量 index 的值赋为对应的下标值。第 15 行到第 19 行根据 index 的值打印查询结果。在该例程中，如果用户输入 20，应该输出的下标为 1。如果用户输入 25，那么应该输出"没有找到 25"。

这里只是演示了如何在一个数组中查找指定元素。其实，这个例子可以进一步扩充。比如，如果在数组中存在重复的元素该怎么办？请读者认真思考，并完成对应的代码修改。

2．求数组中的最大值

每次考试完，同学们除了关心是"过了"还是"挂了"，肯定也想知道谁考了最高分。这里，就需要用到求数组中最大值的算法。

这个算法的描述为，给定一个数组，找出其中的最大值。如何查找呢？我们来想一下，假设有 100 个同学，我们查找其中 50 个行不行？答案是否定的。因此，我们的思路是，定义一个变量用于保存最大值，然后，依次遍历数组，将每一个数组元素和最大值进行比较，如果大于之前保存的最大值，那么进行替换，否则继续比较下一个元素。

同样，为了简单起见，假设一个班级的人数为 10 人。我们有一个保存了全班成绩的数组 score，数组元素的值分别为 10、20、30、40、50、60、70、80、90、100。下面编写一个程序来求成绩数组 score 中的最大值。例程 4-6 为实现代码。

```
1    #include <stdio.h>
2    int main () {
3        int score[10] = {10, 20, 30, 40, 50, 60, 70, 80, 90, 100};
4        int max = 0; /*这里的赋值很重要*/
5        int i = 0;
6        for (i= 0 ; i< 10; i++) {
7            if ( score[i] > max ) {
8                max = score[i];
9            }
10       }
11       printf("最大值为：%d. ", max);
12    }
```

例程 4-6　求一维数组中的最大值

在例程 4-6 中的第 4 行，定义一个变量 max 用于保存数组 score 中的最大值。这里赋了一个初值 0。这是必须的，主要有以下原因。首先，没有赋初值的变量的值是不确定的，如果在之后的比较中用到不确定值，容易出错。其次，这个初值也是有根据的。之所以赋值为 0，只因为我们知道，数组中的元素都大于 0。读者可以思考如果赋值为 200，会有什么后果。第 6 行到第 10 行是依次遍历数组元素，并与变量 max 中的值进行比较，这样保证了 max 中总是存放最大值。第 11 行将变量 max 中的值打印出来。

3．将数组元素逆序

数组元素依据下标有序排列，即第 1 个元素的下标为 0，第 2 个元素的下标为 1，依次类推。前面提到过，学习成绩从高到低排列，那么第 1 个元素是最高分，第 2 个元素是次高分。如果需要从最低分往最高分看，当然，我们可以倒着看。但是，一般很少会有人这么做。因此，此时需要将数组元素逆序，即，第 1 个元素是原来数组中的最后一个元素，同理，最后一个元素是原来数组中的第 1 个元素。举个简单的例子，对于一个字符串数组"Beijing"，对其逆序之后应该为"gnijieB"。

数组逆序的算法描述为，给定一个数组，将开始元素和末尾元素依次颠倒位置。如何做到呢？读者可能会想到，需要从原始数组的末尾往头部开始，依次遍历数组元素，然后，将对应的元素放到一个新的数组中。这当然是一种可行的思路。这里仍然使用上面的成绩数组，根据这个思路的代码如例程 4-7 所示。

```
1    #include <stdio.h>
2    int main () {
3        int score[10]={10, 20, 30, 40, 50, 60, 70, 80, 90, 100};
4        int reverse_score[10];
5        int i = 0;
6        for (i= 9;i >= 0; i--) {
7            reverse_score[9-i] = score[i];
8        }
9        printf ("逆序后的数组: ");
10        for (i= 0; i < 10; i++) {
11            printf ("%4d", score [i]);
12        }
13    }
```

例程 4-7   对数组元素逆序

在例程 4-7 中，原始数组 score 中有 10 个元素，因此，在第 4 行定义了一个 10 个元素的数组 reverse_score，用于存储逆序之后的元素。第 6 行到第 8 行从原始数组的最后一个元素（下标为 9）开始往前依次遍历数组元素，并且将对应的元素赋值给逆序数组 reverse_score。由于原始数组中的第 10 个元素对应逆序数组中的第 0 个元素，它们的下标对应关系为第 i 个对应第 9-i 个。第 9 行到第 12 行是将逆序之后的数组打印出来。

上述例子是一个可行的方案，但是并不是一个最佳的方案。我们定义了一个和原来数组同样大小的数组来存放逆序元素。考虑到节省系统空间的需要，能不能在原来数组的基础上完成数组元素的逆序呢？

进一步分析后我们发现，数组逆序的过程其实是一个数组元素之间的交换过程。将数组中的第 1 个元素和第 10 个元素交换，第 2 个元素和第 9 个元素交换，重复这个过程。读者可以思考一下，是不是就实现了数组的逆序了呢？下面我们看如何通过 C 语言来完成这个过程。例程 4-8 为其实现代码。

在例程 4-8 中，没有再定义一个新的数组。相反，我们只定义了一个变量 temp。读者可以思考一下，交换两个普通整型变量中的值，需要一个变量来临时存放其中的一个值，以防变量的值被覆盖。这里也是一样的。在第 5 行到第 9 行中，通过一个循环来遍历数组元素进行交换。读者请注意，这里并不需要遍历所有的数组元素。由于每一轮循环都会操作数组中的两个元素，因此，这里的循环次数为 10/2=5 次就足够了。循环体中的操作就很简单了，就是两个变量的交换操作。注意，将交换的两个数组元素找对就可以了。也就是说，根据每次循环的 i，找对需要交换的数组元素的下标。第 10 行到第 13 行是将逆序之后的数组打印出来。

这个例子告诉我们，解决问题的思路往往有多种，读者需要勤加思考。通常，需要考虑是否有更好的解决思路。

```
1     #include <stdio.h>
2     int main () {
3         int score[10]={10, 20, 30, 40, 50, 60, 70, 80, 90, 100};
4         int i, temp;
5          for (i= 0; i<5; i++) {
6            temp = score [i];
7              score [i]= score [9-i];
8              score [9-i] = temp;
9          }
10        printf ("逆序后的数组: ");
11        for (i= 0 ;i < 10; i++) {
12            printf ("%4d", score [i]);
13        }
14      }
```

例程 4-8　改进的数组逆序

4．删除数组中的一个元素

数组的长度是预先定义好的，在整个程序中固定不变。比如我们定义了一个长度为 10 的数组 score，那么，这个长度值不会变化。但是，其中不一定全部存放数据。比如，可以只保存 5 个数据，这时就需要将其他数组元素删除。

给定一个数组，其中存放了 n 个元素，删除一个元素之后，元素的个数变为 n-1。读者可以想象有 10 个人的队伍，如果我们将第 2 个人移除队伍，那么，队伍的人数变为 9 人。同时，后面的人会跟上。

我们知道数组的长度在定义的时候就确定了，那么，如何移除一个元素呢？其实，在计算机中并不像我们在队伍中移除一个人那么麻烦。我们只要找到需要删除的元素，然后，将其后面的元素依次往前移动一个位置就可以了，即将后面的元素覆盖前面的元素。这里读者可以回忆一下给变量赋值。有了这个思路，假设我们想删除上述 score 数组中的第 2 个元素，代码如例程 4-9 所示。

```
1     #include <stdio.h>
2     int main () {
3         int score[10] = {10, 20, 30, 40, 50, 60, 70, 80, 90, 100};
4         int i;
5         for (i= 3; i< 10; i++) {
6             score[i-1] = score[i];
7         }
8     }
```

例程 4-9　在数组中删除一个元素

例程 4-9 中，第 5 行到第 7 行从 score 数组的第 3 个元素开始，依次覆盖之前的元素，这样就删除了第 2 个元素。但是这种方法，score 数组中的第 10 个元素的值仍然为 100，删除了哪个元素要自己记得，本来是 10 个元素的数组现在已经变成 9 个元素了，因此，第 10 个元素的值对于我们来说已经没有什么意义。读者或许已经感觉到，这种方法有些麻烦，谁会愿意去记住到底删除了几个，当前长度为多少？计算机就能帮助我们解决这个问题。C 语言也考虑到这种问题，它提供了变长数组的概念和使用方法，我们在之后的学习中会介绍。

5．向数组中插入一个元素

能够在数组中删除一个元素，当然也就可以插入一个元素。这种情况我们平时见得多了，在排队的时候，突然前面有一个人插队，这样，你就不得不往后面挪动一个位置。数组中插入一个元素也类似。

给定一个数组，向其中插入一个元素就是在给定的位置增加一个新的元素。

如果插入的位置之前没有元素，那么，直接将该元素放到那个位置即可。如果有元素了呢？再直接放过去，肯定会将原来的值覆盖了。和删除一个元素类似，我们首先需要找到这个位置，然后依次将该位置之后的元素往后移动，这样就空出了一个位置给新元素。但是这样会出现什么问题呢？给定 10 个元素的空间，增加一个新的元素，数量变成了 11 个元素。就相当于给了 10 个座位，需要11 个人坐，这样就会把最后一个给挤出去。因此，在插入一个新元素的时候，需要确保有足够的空间，否则会导致数据丢失。这里，我们假设 score 数组中的第 3 个位置插入元素"25"。这样原来的score 数组长度就不能是 10 了，应该是 11。代码如例程 4-10 所示。

```
1    #include <stdio.h>
2    int main () {
3        int score[11]={10, 20, 30, 40, 50, 60, 70, 80, 90, 100};
4        int i;
5        for (i= 10; i> 2; i--) {
6            score[i] = score[i-1];
7        }
8        score[2] = 25;
9    }
```

例程 4-10　向数组中插入一个元素

例程 4-10 中，第 3 行对 score 进行了重新定义，其长度变为 11。第 5 行到第 7 行是将第 3 个元素后面的位置依次往后移动。这里需要注意的是，是从最后一个元素依次往后移动，这样可以防止后面的数组元素被前面的元素覆盖。第 8 行将元素"25"插入到数组 score 的第 3 个位置。这样就实现了数组元素的插入。

6．使用冒泡法排序

冒泡法是一种相对容易理解的排序方法，它的优点是编写容易、稳定、空间复杂度低，不需要额外分配临时数组空间。主要的思路就是比较数组中相邻的两个值，把较大的值往后移动，就像泡泡一样"冒"到数组后面去。已知一组无序数据 a[1]、a[2]…a[n]，如果需将其按升序排列，首先，比较 a[1]与 a[2]的值，若 a[1]大于 a[2]，则交换两者的值，否则值不变。再比较 a[2]与 a[3]的值，若 a[2]大于 a[3]，则交换两者的值，否则值不变。然后比较 a[3]与 a[4]，依此类推，最后比较 a[n-1]与 a[n]的值。经过这样一轮处理后，a[n]的值一定是这组数据中最大的。同理，继续对 a[1]到 a[n-1]以相同方法处理一轮，那么，a[n-1]的值一定是 a[1]到 a[n-1]中最大的。再对 a[1]到 a[n-2]以相同方法处理一轮，依此类推。这个过程共处理 n-1 轮后，a[1]、a[2]…a[n]就以升序排列了。这就是冒泡排序的过程。冒泡排序虽然简单、容易实现，但也有缺点，由于每次只能移动相邻两个数据，移动数据的次数较多。

为了简单起见，这里我们使用冒泡法对 10 个整数进行升序排序。

从数组的第 1 个元素开始，将其与之后的所有元素进行比较，需要比较 n-1 次。第 1 轮过后，将数组的第 1 个元素和剩余的 n-2 个元素进行比较。由此我们可以得出规律，这里需要两重循环，外层循环控制比较的数组元素，内层循环控制与其他元素之间的比较。对于 n 个元素，外层有 n-1 次循环，对于第 j 次比较，总共比较 n-j 次，比较前一个数和后一个数的大小，然后交换顺序。根据以上思路，对 10 个元素进行冒泡排序的算法如例程 4-11 所示。

```
1    # include <stdio.h>
2    int main() {
3        int a[10], i, j, t;
4        printf("Please input 10 numbers: "); /*输入 10 个待比较的数字*/
5        for(i= 0; i< 10; i++) {
6            scanf("%d", &a[i]);
7        }
8        /*冒泡排序过程*/
9        for(j = 0 ; j < 9; j++) { /*外循环控制排序轮数,n 个数排 n-1 轮*/
10           for(i= 0; i< 9-j; i++) { /*内循环每轮比较的次数,第 j 轮比较 n-j 次*/
11               if( a[i] > a[i+1] )   { /*相邻元素比较,逆序则交换*/
12                   t = a[i];
13                   a[i] = a[i+1];
14                   a[i+1] = t;
15               }
16           } /*内层循环结束*/
17       } /*外层循环结束*/
18       printf("The sorted numbers: ");      /*输出排序结果*/
19       for(i= 0;i< 10; i++) {
20           printf("%d ", a[i]);
21           printf("\n");
22       }
23   }
```

例程 4-11　对 10 个元素进行冒泡排序

7．使用选择法排序

选择法排序其实和冒泡法具有相同的思路，但是整个过程中需要移动的元素比冒泡法少，因此，性能较冒泡法更优。在选择排序法中，首先，找出最大的一个元素，和末尾的元素交换。然后，再从头开始，查找第 1 个到第 n-1 个元素中最大的一个，和第 n-1 个元素交换，依此类推。

已知一组无序数据 a[1]、a[2]...a[n]，需将其按升序排列。首先，比较 a[1] 与 a[2] 的值，若 a[1] 大于 a[2]，则交换两者的值，否则不变。其次，比较 a[1] 与 a[3] 的值，若 a[1] 大于 a[3]，则交换两者的值，否则不变。再比较 a[1] 与 a[4]，依此类推，最后比较 a[1] 与 a[n] 的值。这样处理一轮后，a[1] 的值一定是这组数据中最小的。再将 a[2] 与 a[3] 到 a[n] 以相同方法比较一轮，则 a[2] 的值一定是 a[2] 到 a[n] 中最小的。再将 a[3] 与 a[4] 到 a[n] 以相同方法比较一轮，依此类推。共处理 n-1 轮后 a[1]、a[2]...a[n] 就以升序排列了。

选择法的循环过程与冒泡法相同，它还定义了记号 k=I，然后，依次将 a[k] 同后面的元素进行比较，若 a[k]>a[j]，则使 k=j。最后看看 k=i 是否还成立，如果不成立，则交换 a[k] 和 a[i]。这样就比冒泡法少了许多无用的交换，提高了效率。

在本小节，将使用选择法对 10 个整数按降序排序。每次循环选出一个最大值和无序序列的第 1

个数交换，n 个数共进行 n-1 次循环。第 i 次循环，假设 i 为最大值下标，然后，将最大值和 i+1 至最后一个数比较，找出最大值的下标，如果最大值下标不为初设值，则将最大值元素和下标为 i 的元素交换。

每次循环是选出一个最大值确定其在结果序列中的位置，确定元素的位置是从前往后，而每次循环最多进行一次交换，其余元素的相对位置不变。定义外部 n-1 次循环，假设第 1 个为最大值，放在参数中，再从下一个数以后找最大值，若后面有比前面假设的最大值更大的就放在 k 中，然后再对 k 进行分析。若 k 部位最初的 i 值，也就是假设的 i 不是最大值，那么就交换最大值和当前序列的第 1 个数。代码如例程 4-12 所示。

```
1    # include <stdio.h>
2    int main() {
3        int a[10], i, j, k, t, n = 10;
4        printf("Please input 10 numbers:");
5        for(i= 0;i< 10; i++) {
6            scanf("%d", &a[i]);
7        }
8        for(i= 0; i<n-1; i++) { /*外循环控制次数,n 个数进行 n-1 次*/
9            k = i; /*假设当前轮的第 1 个数为最大值,记在 k 中*/
10           for(j= i+1;j< n; j++) { /*从下一个数到最后一个数之间找最大值*/
11               if( a[k] < a[j] )    {/*若其后有比最大值更大的*/
12                   k = j; /*则将其下标记在 k 中*/
13            if( k != i ) { /*若 k 不为最初的 i 值,说明在其后找到比其更大的数*/
14                t = a[k];
15                a[k] = a[i];
16                a[i] = t;
17            }    /*则交换最大值和当前序列的第 1 个数*/
18            }
19        }
20        printf("The sorted numbers: ");
21        for(i=0;i< 10; i++) {
22            printf("%d ", a[i]);
23            printf("\n");
24        }
25    }
```

例程 4-12　使用选择排序法对 10 个数进行排序

8．快速排序算法

快速排序是冒泡排序的改进版，是目前已知的最快排序方法。

已知一组无序数据 a[1]、a[2]…a[n]，需将其按升序排列。首先任取数据 a[x]作为基准。比较 a[x]与其他数据并排序，使 a[x]排在数据的第 k 位，并且使 a[1]到 a[k-1]中的每一个数据小于 a[x]，a[k+1]到 a[n]中的每一个数据大于 a[x]，然后采用分治的策略分别对 a[1]到 a[k-1]和 a[k+1]到 a[n]两组数据进行快速排序。

首先选一个数组元素（一般为 a[(i+j)/2]，即中间元素）作为参照，把比它小的元素放到它的左边，比它大的放在右边。然后运用递归算法，再将它左、右侧的两个子数组排序，最后完成整个数组的排序。代码如例程 4-13 所示。

```
1    void quickSort (int *a, int i, int j)    {
2        int m, n, temp;
3        int k;
4        m = i;
5        n = j;
6        k = a[( i+j ) / 2]; /*选取的参照*/
7        do {
8            while( a[m] <k && m <j ) m++; /*  从左到右找比 k 大的元素*/
9            while( a[n] > k && n >i ) n--;   /*  从右到左找比 k 小的元素*/
10           if( m <= n ) {   /*若找到且满足条件,则交换*/
11               temp = a[m];
12               a[m] = a[n];
13               a[n] = temp;
14               m++;
15               n--;
16           }
17       }while( m <= n );
18       if( m<j ) quickSort( a, m, j ); /*运用递归*/
19       if( n >i ) quickSort(a, i, n);
20   }
21   int main (){
22       a[10] = {3, 2, 1, 5, 7, 9, 23, 4, 11, 15};
23       quickSort(a, 0, 9);
24   }
```

例程 4-13   快速排序

4.2 | 数组的应用——一副扑克牌

读者对扑克牌肯定都很熟悉了，那么，我们是否可以使用数组来实现扑克牌的功能呢？在这一节我们会利用数组完成一个扑克牌游戏，以对数组进行一次实际应用，请读者仔细体会。首先，利用数字描述扑克牌：一副扑克牌 52 张，共 4 种花色。也就是说，每一种花色有 13 张。这一节我们通过两个例子来学习数组在实现扑克牌功能中的作用。第 1 个例子是打印扑克牌，即我们在计算机的扑克牌游戏中经常碰到的发牌功能；第 2 个例子是洗牌功能，即将扑克牌打乱顺序。

我们先看第 1 个功能：打印扑克牌（发牌）。

【例 4-1】打印扑克牌，就是将扑克牌的花色打印出来。这样就可以按照你需要的方式打印扑克牌，从而可以作为发牌的功能。本例将 52 张扑克牌打印出来。

分析：本例需要将 52 张扑克牌打印出来，也就是说，要分别处理 52 张扑克牌。如何去处理呢？我们平时玩扑克牌的时候，这些花色放置在一个个单独的纸片上，那么在计算机中呢？我们可以把它们放在数组中。需要几个数组呢？当然不是 52 个。我们只需要一个数组，它的元素数是 52 就可以了。这样，数组的每一个元素就表示一张扑克牌。怎么打印出不同的花色呢？这里，我们使用 ASCII 码的形式，打印出不同的花色和与之对应的点数。为了清晰一点，我们将同一种花色放在一行。读者应该还记得我们在月历的例子里是怎么将 7 天放置到一行中去的吧？是的，这里还是使用取余运算符。具体的代码如例程 4-14 所示。

```
1     #include <stdio.h>
2     int main() {
3         int playcard [52];
4         int i;
5         for(i=0;i< 52; i++){
6             playcard[i] = i;
7         }
8         for(i=0;i<52;i++) {
9             if(i % 13 == 0) printf("\n");
10            printf("%c%d", playcard /13+3, playcard %13);//以 ASCII 码形式打印纸牌花色和点数
11        }
12        return 0;
13    }
```

例程 4-14　打印扑克牌

在例程 4-14 中，第 3 行定义了一个数组 playcard，告诉系统这个数组的大小是 52，即需要存放 52 张扑克牌。第 5 行到第 7 行给每一个数组元素赋初值，对应的值和数组下标一致。读者不要忘记，在 C 语言中数组的下标从 0 开始。第 8 行到第 11 行依次访问存放在数组 playcard 中的元素，并且以 ASCII 码的形式打印出来。在第 9 行有一个判断，如果打印的一行中的扑克牌的张数超过了 13 张，那么就输出一个换行，以此达到每行打印 13 张扑克牌的目的。

通过上面的例子，我们学习了如何打印扑克牌，当然我们是按照固定的顺序打印的。但是玩扑克牌的真正乐趣就在于，我们拿到的扑克牌都不是顺序的，而是随机的。为了实现这种功能，就需要一个洗牌的操作，和我们平时的玩法一样。下面我们就看看第 2 个功能：洗牌。

【例 4-2】洗牌（数组的乱序）：将一个具有固定顺序的扑克牌的顺序完全打乱，使扑克牌的顺序是随机的。

分析：洗牌就是完全打乱扑克牌的顺序，如同一个按照高低站好的队伍，我们可以让队伍中的成员随便乱站，从而达到顺序混乱的目的。同理，在洗牌程序里也要有类似的操作。通过前面一个例子，我们将 52 张扑克牌放到一个具有 52 个元素的一维数组中，只是它们是按顺序排列的。为了达到扑克牌乱序的目的，可以采用如下方法。在 52 张扑克牌中随机地选择一个位置，然后，让其他位置的扑克牌交换。这样重复多次，就可以达到洗牌的目的。读者可以先想象一下这个过程。具体的实现代码如例程 4-15 所示。

洗牌程序的要点在于如何让数组乱序，原理非常简单，随意挑出两个下标（inx_x，inx_y），并交换它们的元素值。元素值的交换需要一个临时变量 t，否则的话，如果将一个元素的值，比如 inx_x 的值直接赋值为 inx_y 的值，那么，当我们再想把 inx_x 中的值赋给 inx_y 时，原来的值已经被覆盖了。实现两个变量中的值交换一般的形式为：

```
t = a[inx_x];
a[inx_x] = a[inx_y];
a[inx_y] = t;
```

在例程 4-15 中，第 11 行到第 13 行就是实现两个数组中元素值的交换的。将这个过程重复若干次（在本例程中，重复了 500 次），数组原来的次序就被打乱了。但是如何随意挑出两个下标呢？C

语言提供了随机值函数 rand()，rand()产生的随机数在 0～1 之间，但是下标必须在 0～51 之间，所以作一下修正：

```
(int) rand()*52
```

```
1    #include <stdio.h>
2    int main() {
3        int playcard [52];
4        int i, inx_x, inx_y, tmp;
5        for(i = 0; i < 52; i++) {
6            playcard[i] = i;
7        }
8        for(i=0;i<500;i++) {
9            inx_x = (int)rand()*52;
10           inx_y = 52-inx_x;
11           tmp = playcard[inx_x];
12           playcard[inx_x] = playcard[inx_y];
13           playcard[inx_y] = tmp;
14       }
15       for (i = 0; i < 52; i++ ) {
16           if( i % 13 == 0) printf("\n");
17           printf("%c%d", i/13 + 3, i%13);//以 ASCII 码形式打印纸牌花色和点数
18       }
19        return 0;
20    }
```

例程 4-15　洗牌

从上面的表达式可以看出，rand()*52 应该产生一个 0～52 之间的浮点数，通过强制转换到整型，就可以得到一个 0～51 之间的整数了。读者可以考虑一下，如果需要实现两个数组元素之间值的交换，有必要产生两个随机数吗？其实没有必要，在这个程序中，我们是这样处理的：

```
inx_x = (int) rand()* 52;
inx_y = 52 - inx_x;
```

通过第 1 个表达式，可以随机选择一个下标，那么对应的数组交换元素选择为 52 减去选择的下标。这样，每次循环生成的随机下标不一样，对应的交换元素下标也就不一样，从而实现与生成两个随机数一样的功能。

4.3　数组与月历

在前面几节中，我们已经列举了很多的例子来说明如何使用数组。下面还是回到我们熟悉的月历的例子。读者可以先思考一下，如果要实现月历的功能，哪里可以使用到数组？相信读者最容易想到的就是 12 个月，以及这 12 个月中的天数。我们可以定义一个数组来表示月份，这个数组的每一个元素表示这个月里面的天数，那么，再去判断需要打印哪个月的月历的时候，就没有必要再使用一大堆的 if 了。因此，这个数组的使用很重要。我们先将这个数组称为 monthday，表示每个月有多少天。通过数组的学习我们知道，现在只是定义了一个名字，那么它有多少个元素呢？按照常

理来说，12 个月当然有 12 个元素了。可是，我们又想到数组的元素是从 0 开始的，但是没有 0 月啊，所以，为了简单起见，我们就将数组定义为具有 13 个元素，这样，就可以使用 monthday[1] 来表示 1 月，monthday[2] 来表示 2 月，依此类推，monthday[12] 表示 12 月。通过这种方式，数组的下标和月份之间就对应起来了。

好了，这个数组的定义如下所示：

```
int monthday[13] = {0, 31, 28, 31, 30, 31, 30, 31, 31, 30, 31, 30, 31};
```

第 0 个元素就表示 0 月，它有 0 天。这样只是为了让我们更加方便地使用数组。对于这种定义方式，读者有疑问吗？读者有没有考虑到 2 月，monthday[2] 为什么是 28 啊，在之前的例子中，不是说闰年和平年是不一样的吗？这是一个很好的质疑。因此，在程序中还是需要进行进一步的判断，如果是闰年的话，需要对这个元素重新赋值。而其他月份的天数都是固定的，就不需要再重新改动了。读者自己去体会一下数组的好处吧。详细的实现代码如例程 4-16 所示。

```
1    #include <stdio.h>
2    int main (){
3        int year = 0, month = 0, days = 0;
4        printf("\n 输入需要打印的年:");
5        scanf("%d", &year);
6        printf("\n 输入需要打印的月份:");
7        scanf("%d", &month);
8        int monthday[13]={0, 31, 28, 31, 30, 31, 30, 31, 31, 30, 31,30, 31};
9        if ( year % 4 == 0 && year % 100 !=0 || year % 400 == 0){
10           monthday[2] = 29;
11       } else {
12           monthday[2] = 28;
13       }
14       for(i = 0; i < monthday[month]; i++){
15           if(i%7 == 0) printf("\n"); // 逢 7 换行
16           printf("%5d", i+1);
17       }
18   }
```

例程 4-16　使用数组实现打印月历

例程 4-16 中，第 1 行到第 7 行相信读者都已经很熟悉了。第 8 行就是定义的数组 monthday。第 9 行到第 13 行我们根据输入的年份进行了是否是闰年的判断，从而确定 2 月的天数。这里请读者注意，第 11 行到第 13 行其实可以删掉，为什么？第 14 行到第 17 行打印月历，每 7 天换一行，这个也和前面的例子是一样的。注意：这个例程是不考虑星期的打印的。

4.4 | 利用一维数组处理字符串

不知道读者有没有这样的疑问，我们学习了如何保存自己的年龄（使用整型变量）、如何保存自己的体重（浮点型变量），但是，我们还不知道如何存储自己的名字。简单地举一个例子，一个同学的名字叫"Tom"，我们如何存储它呢？难道有字符串变量吗？在 C 语言中没有专门的字符串变量，通常用一个字符数组来存放一个字符串。简单地讲,我们不能将"Tom"这个名字整个保存,却可以将它包含的 3 个字符——"T""o"和"m"分别存储。本节就来学习一下如何使用一维数组来处理字符串。

4.4.1　char 型的数组和字符串

首先,读者必须明确的一点就是,字符串数组也是一个数组,只是它存储的元素是一个字符型的数据。那么,显而易见,在使用字符串数组之前也需要定义。根据前面学习的知识,可以这样定义一个字符型数组:

```
char name[3];
```

好了,这样就定义了一个数组 name,可以用它来保存一个人的名字。当然,它只能用来保存"Tom",连"Marry"都不能保存,为什么?大家可以回顾一下我们之前学习的数组的知识。答案就是我们申请了存放 3 个字符的空间,对于 5 个字符的名字,肯定无法保存,否则会产生数组越界的问题。这里假设只能保存"Tom",根据例程 4-17 来看一看如何读写这个数组的内容。

```
1    #include <stdio.h>
2    int main() {
3        char name[3];
4        int i = 0;
5        name[0] ='T';
6        name[1] = 'o';
7        name[2] = 'm';
8        for(i = 0; i < 3; i++) {
9            printf("%c", name[i]);
10       }
11   }
```

例程 4-17　字符串数组的读写

在例程 4-17 中,第 3 行定义了一个字符串数组,长度为 3。然后第 5 行到第 7 行分别给这 3 个数组元素赋值。这里需要注意,每个数组元素的类型是字符类型,所以,我们使用的是单引号而不是双引号,如果是双引号就变成一个字符串了。第 8 行到第 10 行通过一个 for 循环,依次访问数组元素,并将该元素打印出来。

了解了简单的字符数组,很多读者会有这种疑问,我们首先知道了一个人的名字叫"Tom",而且保存这个名字的时候还要一个字符一个字符地保存,要是不知道名字呢?而且,输出名字的时候也需要依次访问数组元素,感觉有点麻烦。有没有更好的方法呢?C 语言结合字符数组提供了一种输入和输出的方式,就是使用"%s"。虽然没有提供字符串变量,但是提供了格式化输入和输出的方法。我们看例程 4-18 所示的例子。

```
1    #include <stdio.h>
2    int main () {
3        char name[4];
4        scanf("%s", name);
5        printf("%s", name);
6    }
```

例程 4-18　简化字符串数组读写

例程 4-18 中，我们使用了一种简单的方式。这段代码虽少，但是却包含很多内容。希望读者通过这简单的几行代码，更加深入了解字符串数组。例程 4-18 在运行的时候，需要用户输入一个名字，比如"Tom"，然后将用户输入的名字打印出来。首先，第 3 行为何数组长度变成了 4 呢？有些读者会说，这里需要保存 4 个字符的名字了，其实不然。我们还是要存放"Tom"，但是，这里不得不将数组长度改为 4。答案就是，每一个字符串总是以'\0'作为串的结束符。因此，当把一个字符串存入一个数组时，也把结束符'\0'存入数组，并以此作为该字符串是否结束的标志；否则，系统不知道数组是什么时候结束的了，那么使用"%s"输出的结果也就是错误的。这里需要强调的是，我们保存的名字的长度还是不能超过 3。第 4 行通过 scanf 函数，读入用户输入的字符串，并将它保存在字符数组 name 中。是这样吗？这里读者应该有疑问。之前在使用 scanf 的时候，不是需要一个符号"&"吗？数组名 name 就是一个地址，表示这个数组的首地址，我们会在之后的章节详细讲解，这里先解除读者的疑问。还应该特别注意的是，当用 scanf 函数输入字符串时，字符串中不能含有空格，否则将以空格作为串的结束符。第 5 行通过 printf 函数，将数组再次打印出来。

我们指定了字符串数组的长度之后很容易越界。通常来说，在定义一个数组的时候指定一个比数组最大值还大的长度，这样就会避免越界的问题。比如以下这个定义。

```
Char str[40] = "beijing";
```

系统会自动为"beijing"后面加上'\0'，str 数组的结构：

```
str[0] = 'b';
str[1] = 'e';
str[2] = 'i';
str[3] = 'j';
str[4] = 'i';
str[5] = 'n';
str[6] = 'g';
str[7]至 str[39]都是'\0';
```

如果要用一个字符串字面值准确地初始化一个字符数组，最好的办法是不指定数组的长度，让编译器自己计算，但要注意数组长度一定要"足够长"。

```
char str[] = "Hello, world.\n";
```

字符串字面值的长度包括 Null 字符在内一共 15 个字符，编译器会确定数组 str 的长度为 15。

易错情况如下。

（1）char a[10]; a[10] = "hello"; //一个字符怎么能容纳一个字符串？况且 a[10]也是不存在的！

（2）char a[10]; a = "hello"; //这种情况容易出现，a 虽然是数组，但是它已经指向在堆栈中分配的 10 个字符空间，现在这个情况 a 又指向数据区中的 hello 常量，这里数组的内存使用出现混乱。

4.4.2　一些常用的字符串函数

其实，为了更加方便输入、输出字符串，C 语言还提供了另外两个函数——puts 和 gets。这一小节我们从这两个函数开始，逐步了解 C 语言中和字符串相关的函数。C 语言之所以提供这些函数，也是为了更加方便、安全地处理字符串。例程 4-19 为其实现代码。

例程 4-18 的代码是不是更加简洁？例程 4-19 中，第 4 行提示用户输入一个字符串，然后第 5 行将它保存在 str 中，第 6 行将字符串打印出来。可以看出当输入的字符串中含有空格时，输出仍为全部字符串，说明 gets 函数并不以空格作为字符串输入结束的标志，而只以回车作为输入结束，这是与 scanf 函数不同的。但是，越界问题还是相同的。

```
1    #include <stdio.h>
2    int main() {
3        char str[15];
4        printf("input string:\n");
5        gets( str );
6        puts( str );
7    }
```

例程 4-19　字符串输入和输出函数

字符串函数功能确实很强大，那么，C 语言还为我们提供了哪些字符串处理函数呢？下面介绍一些常用的函数。C 语言提供了丰富的字符串处理函数，大致可分为字符串的输入、输出、合并、修改、比较、转换、复制、搜索几类。使用这些函数可大大减轻编程的负担。用于输入和输出的字符串函数，在使用前应包含头文件"stdio.h"，使用其他字符串函数则应包含头文件"string.h"。

1．字符串长度

在实际的应用中，很多时候需要计算字符串的实际长度（不含字符串结束标志'\0'）。C 语言提供了函数 strlen，将字符串长度作为函数返回值返回，其格式如下：

```
strlen（字符串）
```

我们看例程 4-20 所示的例子。

```
1    #include <string.h>
2    int main() {
3        int len;
4        char str[] = "Beijing";
5        len = strlen( str );
6        printf( "The length of the string is %d\n", len) ;
7    }
```

例程 4-20　使用 strlen 求字符串长度

在例程 4-20 中，我们不想去数"Beijing"到底有多少个字符，而是想让 C 语言告诉我们。在第 5 行，将包含"Beijing"的字符串数组作为参数传递给函数 strlen，然后，这个函数返回字符串的长度，输出结果是：

```
The length of the string is 7
```

2．字符串连接

我们经常会碰到将两个字符串连接在一起的情况。当然，可以通过定义一个具有两个字符串长度的数组，然后一次访问两个字符串的字符，把它们连接在一起。显然，这样做过于烦琐。C 语言给我们提供了 strcat 函数。该函数需要传入两个字符数组，把字符数组 2 中的字符串连接到字符数组 1 中字符串的后面，并删去字符串 1 后的串标志'\0'。本函数返回值是字符数组 1 的首地址。该函数的格式如下：

```
strcat （字符数组 1，字符数组 2）
```

我们通过例程 4-21 来学习如何使用这个函数，本例程把初始化赋值的字符数组与动态赋值的字符串连接起来。

```
1       #include <string.h>
2       int main() {
3           char str1[30] = "My name is ";
4           int str2[10];
5           printf( "input your name:\n" );
6           gets( str2 );
7           strcat( str1, str2);
8           puts( str1 );
9       }
```

例程 4-21　使用 strcat 连接两个字符串

在例程 4-21 中，第 3 行定义了一个字符数组 str1，它的长度为 30。然后，第 4 行定义一个 str2，存放用户输入的名字。第 6 行是我们之前学习的一个函数，读入用户输入的名字，并存放到 str2 中。第 7 行将 str2 连接到 str1 之后。第 8 行将 str1 输出。比如，用户输入的是 "Tom"。该例程最后的输出为："My name is Tom"。要注意的是，字符数组 str1 应定义足够的长度，否则不能全部装入被连接的字符串。因此，我们将字符数组 str1 的长度定义为 30。

3．截取子串

除了将两个字符数组连接起来之外，我们能将一个字符串分割成子串吗？C 语言早就为大家想好了，它提供了 strtok() 来满足我们的需求。函数 strtok 用来将字符串分割成一个个片段。参数 s 指向欲分割的字符串，参数 delim 则为分割字符串。当 strtok 在参数 s 的字符串中发现参数 delim 的分割字符时则会将该字符改为'\0'字符。在第 1 次调用时，strtok 必须给予参数 s 字符串，往后的调用则将参数 s 设置成 NULL。每次调用成功则返回下一个分割后的字符串。

格式：char * strtok(char *s, const char *delim);

我们看一下例程 4-22。

```
1       #include <string.h>
2       int main() {
3           char s[] = "Today:is:Friday";
4           char *delim = ":";
5           char *p;
6           printf("%s ", strtok(s, delim));
7           while( (p = strtok(NULL, delim)) ) {
8               printf( "%s ", p );
9               printf( "\n" );
10          }
11      }
```

例程 4-22　使用 strtok 函数分割字符串

根据第 4 行定义的 delim，将字符串 "Today:is:Friday" 进行分割。这里涉及指针的操作，在后续章节会详细讲解。执行结果为：

```
Today
is
Friday
```

4．大小写转换

C 语言还提供了大小写字母之间的转换函数。函数 toupper 将小写转换为大写，若传入的参数为小写字母则将其对应的大写字母返回。函数 tolower 将大写转换为小写，若传入的参数为大写字母则将其对应的小写字母返回。使用这两个函数需要包含头文件<ctype.h>。

格式: `int toupper(int c);`
`int tolower(int c)`

我们看例程 4-23。

```
1    #include <ctype.h>
2    int main() {
3        char c = 'a';
4        char d = 'A';
5        printf( "after toupper(): %c", toupper(c) );
6        printf("after tolower(): %c", tolower(c) );
7    }
```

例程 4-23 大小写转换函数

这两个函数比较简单，读者可以自己练习一下。

5．字符串转整型数

有些时候在程序里面会碰到这种格式的数据"100""−500"等，而且，需要将这些数据进行算术运算。比如直接相加可不可以呢？答案当然是不可以。为什么？做算术运算需要什么类型的数字？应该是整数，但是，这里却是两个字符串。这就需要我们将这些字符串转换为整数。C 语言考虑到了这种情况，它提供了一个函数 atoi。函数 atoi 会扫描传入的参数中的字符串，跳过前面的空格字符，直到遇到数字或正负符号才开始做转换，而遇到非数字或字符串结束标识符（'\0'）时才结束转换，并将结果返回。返回值返回转换后的整型数。

格式: `int atoi(const char *nptr);`

我们看例程 4-24，该例子中，将字符串 a 与字符串 b 转换成数字后相加。

```
1    #include <stdlib.h>
2    int main () {
3        char a[] = "-100";
4        char b[] = "456";
5        int c;
6        c = atoi( a ) + atoi( b );
7        printf( "c=%d\n", c);
8    }
```

例程 4-24 函数 atoi()的使用

在例程 4-24 中，重点在第 6 行。我们需要进行加法运算，而 a 和 b 是字符串数组，因此，需要将它们转换为整型，然后，将结果存放到整型变量 c 中。

例程 4-24 的执行结果为:

`c=356`

以上是字符串转换为整型的最简单应用，有时需要在转换时考虑更多因素，比如更大的数值和多种数制。C 语言提供了这样的函数 strtol。函数 strtol 会将参数 nptr 字符串根据参数 base 转换成长整型数。参数 base 范围为 2~36，或 0。参数 base 代表采用的进制方式，如 base 值为 10 则采用十进制，若 base 值为 16 则采用十六进制等。当 base 值为 0 时则是采用十进制作转换，但遇到如'0x'前置字符则会使用十六进制作转换。一开始 strtol 会扫描参数 nptr 字符串，跳过前面的空格字符，直到遇到数字或正负符号才开始作转换，遇到非数字或字符串结束标志（'\0'）时结束转换，并将结果返回。若参数 endptr 不为 NULL，则会将遇到不符合条件而终止的 nptr 中的字符指针由 endptr 返回。

格式：`long int strtol(const char *nptr, char **endptr, int base);`

例程 4-25 可实现将字符串 a、b、c 分别采用十进制、二进制、十六进制转换成整型数字。

```
1    #include <stdlib.h>
2    int main () {
3        char a[] = "1000000000";
4        char b[] = "1000000000";
5        char c[] = "ffff";
6        printf( "a=%d\n", strtol( a, NULL, 10 ) );
7        printf( "b=%d\n", strtol( b, NULL, 2 ) );
8        printf( "c=%d\n", strtol( c, NULL, 16 ) );
9    }
```

例程 4-25　字符串转换为整型

该例程的执行结果为：

```
a=1000000000
b=512
c=65535
```

6. 数字转换成字符串

C 语言还提供了几个标准库函数，可将任意类型的数字转换为字符串。例程 4-26 为利用 itoa 函数将整数转换为字符串。

```
1    #include <stdio.h>
2    # include <stdlib.h>
3    int main (void)
4    {
5        int num = 100;
6        char str [25];
7        itoa (num, str, 10);
8        printf ("Number: %d, String: %s. \n", num, str);
9        return 0;
10   }
```

例程 4-26　将整数转换为字符串

执行结果：

```
Number: 100, String: 100
```

例程 4-26 演示了 itoa 函数 3 个参数的用法：第 1 个参数是要转换的数字，第 2 个参数是要写入转换结果的目标字符串，第 3 个参数是转移数字时所用的数制。

其实 itoa 函数与 ANSI 标准并不兼容，将数字转换为字符串所使用的更为普遍的方法是应用 sprintf 函数，请看例程 4-27。

```
1    #include <stdio.h>
2    # include <stdlib.h>
3    int main (void)
4    {
5       int num = 100;
6        float f1 = 12.345;
7       char strn [25], strf [25];
8       sprintf (strn, "%d", num);
9       printf("Int Number: %d, String: %s. \n", num, strn);
10        sprintf (strf, "%5.2f", f1);
11       printf ("Float Number: %f, String: %s. \n" ,f1, strf);
12        return 0;
13    }
```

例程 4-27　应用 sprintf 函数将数字转换为字符串

执行结果：

```
Int Number: 100, String: 100
FloatNumber: 12.345000, String: 12.35
```

在例程 4-27 中两次调用 sprintf 分别将整型数 100 和浮点数 12.345 转换成了字符串，值得注意的是在转换浮点型数字时利用"%5.2f"进行了小数点的取舍。

这个案例说明可以利用 sprintf 函数完成更加复杂的数字到字符串的转换工作。

7．字符串复制

把字符数组 2 中的字符串复制到字符数组 1 中，串结束标志'\0'也一同复制。字符数组 2 也可以是一个字符串常量。这时相当于把一个字符串赋予一个字符数组。

格式： strcpy （字符数组名 1，字符数组名 2）

例程 4-28 为字符串复制函数应用举例。

```
1    #include <string.h>
2    int main () {
3        char st1[15], st2[] = "Beijing";
4         strcpy( st1, st2 );
5         puts( st1 );
6      printf("\n");
7    }
```

例程 4-28　字符串复制函数 strcpy 的应用

函数要求字符数组 1 应有足够的长度，否则所复制的字符串不能全部装入。

8．字符串比较

对于整数来说，有比较运算符比较它们的大小，那么对于字符串呢？C 语言提供了函数 strcmp 来比较两个字符串。一般来说，我们经常使用这个函数来比较两个字符串是否相同。函数 strcmp 用来比较参数 s1 和 s2 字符串。字符串的大小是以 ASCII 码表上的顺序为依据的，此顺序亦为字符的值。

strcmp 首先将 s1 的第 1 个字符值减去 s2 的第 1 个字符值，若差值为 0 则再继续比较下一个字符，若差值不为 0 则将差值返回。例如字符串"Ac"和"ba"比较则会返回字符"A"（65）和"b"（98）的差值（−33）。若参数 s1 和 s2 字符串相同则返回 0。s1 若大于 s2 则返回大于 0 的值，s1 若小于 s2 则返回小于 0 的值。

格式：`int strcmp(const char *s1, const char *s2);`

我们通过例程 4-29 来了解函数 strcmp 的应用方法。

```
1    #include <string.h>
2    int main() {
3        char *a = "aBcDeF";
4        char *b = "AbCdEf";
5        char *c = "aacdef";
6        char *d = "aBcDeF";
7        printf("strcmp(a, b) : %d\n", strcmp(a, b));
8        printf("strcmp(a, c) : %d\n", strcmp(a, c));
9        printf("strcmp(a, d) : %d\n", strcmp(a, d));
10   }
```

例程 4-29　字符串比较函数 strcmp 的应用

例程 4-29 的执行结果为：

```
strcmp(a, b) : 32
strcmp(a, c) :-31
strcmp(a, d) : 0
```

4.5 | 一个数组应用项目——21 点游戏

至此，本书介绍了各种类型的一维数组的常用编程方法，下面我们通过设计一个常见的扑克牌游戏——"21 点"来实践一下数组的编程。请读者阅读代码，分析程序。

程序代码：

```
#include <stdio.h>
#include "funlib.h"

int main (int argc, const char * argv[]) {
    printf("[21 点游戏启动...]\n");

    initpoker();//初始化扑克牌
    breakpokerseq();//洗牌

    char c;
    printf("请输入 Y 或 y,发牌...\n");
    while(c=getchar()){
        if (c=='Y' || c=='y') {
            sendnextpoker();
```

```
            showplayerpoker();
            printf("是否继续? Y or N\n");
        }


        //判断玩家是否超过 21 点
        if (getplayerpiont()>21){
            printf("您输了,您的点数为:%2.1f!\n",getplayerpiont());
            break;
        }


        if (c=='N' || c=='n') {
            //不继续要牌后,比较大小,先判断电脑玩家是否超过 21 点
            if (getcomputerpiont()>21)
                printf("您赢了,电脑玩家的点数为:%2.1f!\n",getcomputerpiont());
            else //再拿玩家与电脑比较
                if (getplayerpiont()>getcomputerpiont())
                    printf("您赢了,您的点数为:%2.1f,电脑玩家的点数
为:%2.1f!\n",getplayerpiont(), getcomputerpiont());
                else
                    printf("您输了,您的点数为:%2.1f,电脑玩家的点数
为:%2.1f!\n",getplayerpiont(), getcomputerpiont());

            break;
        }
    }


    printf("[游戏结束...]\n");
    return 0;
}




/*
 *  funlib.c
 *  poker
 *
 *  Created by iphone on 14-2-28.
 *  Copyright 2014 __MyCompanyName__. All rights reserved.
 *
 */

#include "global.h"
#include "funlib.h"

//初始化扑克牌以及存放玩家和电脑的数组
void initpoker(){
    opcindex = 0;
```

```
    plyindex = 0;
    cptindex = 0;
    int i;
    for(i=0;i<52;i++)
        opc[i]=i;
    for(i=0;i<20;i++){
        playerpoint[i]=-1;
        computpoint[i]=-1;
    }
}


//洗牌
void breakpokerseq(){
    int i = rand()%52;
    int loops = rand()%80;
    int inx_a;
    int inx_b;
    int tmp;


    tmp = opc[i];
    opc[i]=0;
    opc[0]=tmp;

    for(i=0;i<loops;i++){//交换 60 次
        inx_a=rand()%52;//产生一个 0 到 51 的随机数,并赋值给下标 a
        inx_b=rand()%52;//产生一个 0 到 51 的随机数,并赋值给下标 b
        tmp = opc[inx_b];
        opc[inx_b] = opc[inx_a];
        opc[inx_a] = tmp;
    }

}


//打印系统扑克牌
void printpoker(){
    printf("\n");
    for (int i=0; i<52; i++) {
        printf("%d \n",opc[i]);
    }
    printf("\n");
}


//计算一组牌的点数
```

```
float pokerpoints(int *pokerarray){
    int i;
    float points = 0;
    for(i=0;i<20;i++){
        if ( pokerarray[i]==-1 )
            break;
        points+=getpoint(pokerarray[i]);
    }
    return points;
}
```

```
//根据单张牌计算其点数
float getpoint(int point){
    float points=0;
    int p=point%13;
    //printf("%d/13=%d \n",point,p);
    switch (p) {
        case 1:    points=1;break;//printf("  %c%c",kind,'A');break;
        case 11:   points=0.5;break;//printf("  %c%c",kind,'J');break;
        case 12:   points=0.5;break;//printf("  %c%c",kind,'Q');break;
        case 0:    points=0.5;break;//printf("  %c%c",kind,'K');break;
        default:   points=p;
    }
    return points;
}
```

```
//计算玩家点数
float getplayerpiont(){
    return pokerpoints(playerpoint);
}
```

```
//计算电脑点数
float getcomputerpiont(){
    return pokerpoints(computpoint);
}
```

```
//发牌
void sendnextpoker(){
    playerpoint[plyindex]=opc[opcindex];
    opcindex+=1;
    plyindex+=1;

    computpoint[cptindex]=opc[opcindex];
```

```
        opcindex+=1;
        cptindex+=1;
    }


//打印带花色的扑克牌
void showpoker(int *pokerarray){
    printf("玩家扑克牌:\n");
    for(int i=0;i<20;i++){
        if ( pokerarray[i]==-1 )
            break;

        int point=pokerarray[i]%13;//点数
        int cl = pokerarray[i]/13; //花色
        printf("%s%d ",color[cl],point);
        /*
        printf("%d ",pokerarray[i]);
        printf("花色:%s ",color[cl]);
        printf("点数:%d |",point);
        */
    }
    printf("\n");
    return 0;
}


//打印玩家带花色的扑克牌
void showplayerpoker(){
    showpoker(playerpoint);
}


/*

//打印玩家扑克牌
void printplayer(){
    //printf("\n");
    for (int i=0; i<20; i++) {
        printf("%d \n",playerpoint[i]);
    }
    printf("\n");
}


//打印电脑扑克牌
void printcomput(){
    //printf("\n");
```

```
for (int i=0; i<20; i++) {
    printf("%d \n",computpoint[i]);
}
printf("\n");
}
*/
```

4.6 | 本章小结

本章学习了 C 语言中一个很重要的成员——数组。数组可以方便我们处理数据，简化编程。读者需要深刻体会数组的应用。本章主要包含以下几个部分：数组的定义、初始化和数组元素的访问。然后，我们通过一副扑克牌的例子讲解了数组的使用，而且学习了如何在月历的例子中使用数组来简化之前碰到的繁杂操作。

在使用数组之前需要定义数组，主要包括数组的名字和数组元素的个数。数组在使用之前需要进行初始化。在数组不初始化时，其元素值为随机数，这就给以后数组的访问带来不确定性。由于这个元素的值是一个不确定的值，有可能造成程序不能正确运行，或者出现一些奇怪的现象。

关于数组，读者应该特别注意的是，数组元素个数的下标从 0 开始。另外，C 语言对数组不作越界检查，使用时要注意。比如说 int a[5]，我们只能用 a[0] 到 a[4]，如果使用 a[5] 就发生了越界，而且 a[5] 中的值是一个我们不能确定的值，所以，读者在使用数组时要保证在正确的数组界限内。

最后，在使用数组时，只能逐个引用数组元素，不能一次引用整个数组。我们不能将一个数组赋值给另外一个数组。如果要实现数组的赋值，只能一次遍历数组，然后访问数组元素，将该元素赋值给另外一个数组元素。

4.7 | 练习

习题 1：编写一个程序，输入数组元素，输出所有元素的最大值、最小值、平均值和所有元素的和。

习题 2：项目作业：设计一个扑克牌游戏并编程完成它。

习题 3：编写一个程序，输入数组元素，输出每个元素的先驱和后继元素的和。

习题 4：输入一个字符串，统计其中所有数字的个数，例如输入 "123ab56F15"，则输出 3。

习题 5：项目作业：利用数组重写月历程序。

习题 6：用至少两种方法编程，将两个有序数组归并成一个数组，且使目标数组仍有序。

第5章 功能完善的月历

在前面的 4 章中，我们已经学习了 C 语言中最常用的基本概念和基础知识，主要包括 C 程序的结构、变量和运算。希望读者能够通过这些常用的 C 语言基本概念，加深对 C 语言的理解，为以后更加深入的学习做准备。

在前面每章的学习中，都会提到一个关于打印月历的例子。当然，我们只是结合每一章的知识点讲解了月历中和知识点相关的应用。如何实现一个功能完善的月历呢？我们将在本章作一个完整的总结。我们还要按照工程的观点完成一个月历程序，让读者体会完整程序开发的方方面面。在本章的最后用月历软件演示项目的全过程。

希望通过本章的学习，能够培养读者运用所学基础知识解决实际问题的能力，使读者掌握软件开发的基本过程和基本方法以及良好的编程风格，并培养其在软件开发中相互合作的团队意识。

5.1 简单的软件工程

读者首先需要明白，什么是软件？本书前面介绍的例程是不是软件呢？这里，我们只能说，这些例程是软件的一部分，我们称之为代码。一个软件除了代码之外还包括其他很多方面，比如文档、测试等。

软件工程是研究如何以系统性的、规范化的、可定量的过程化方法去开发和维护软件，以及如何把经过时间考验而证明正确的管理技术和当前能够得到的最好的技术方法结合起来的学科。它涉及程序设计语言、数据库、软件开发工具、系统平台、标准、设计模式等方面。

软件工程的兴起要追溯到 20 世纪 60 到 80 年代的软件危机。在那个时候，许多软件最后都落得了一个悲惨的结局，软件项目的开发时间大大超出了规划的时间表。一些项目导致了财产的流失，甚至某些软件导致了人员伤亡。同时软件开发人员也发现软件开发的难度越来越大。

这时候有些读者就会有疑问了，我们之前的例程不都运行得很好吗？多检查几次，找出错误并改正，怎么会有危机呢？这主要是因为，我们的例程只有几十行代码，而且就是这几十行代码稍有不慎也会出很多错误，读者可以去体会一下。而一个大型的软件大多有几十万行代码，而且需要几十或者几百人的团队参与，如果没有一个工程化的方法去管理，就会出现很多不可避免的错误。因此，软件工程在软件的开发过程中起到很重要的指导作用。

软件工程存在于各种应用中，存在于软件开发的各个方面，而程序设计通常包含了程序设计和编码的反复迭代过程，它是软件开发的一个阶段。

软件开发过程是随着开发技术的演化而改进的。从早期的瀑布式（waterfall）的开发模型到后来出现的螺旋式的迭代（spiral）开发，以及最近开始兴起的敏捷软件开发（agile），它们展示出了在不同的时代软件产业对于开发过程的不同认识，以及对于不同类型项目的理解方法。

软件工程是一门很重要的学科，它包括很多复杂的理论和知识。这里结合 C 语言，简单地介绍软件工程，特别是面向过程的软件工程。

面向过程，顾名思义，就是使用过程的思想来解决问题。首先，分析待解决问题所需要的步骤，一般按照功能来划分。然后，使用模块化的思想把这些功能逐个实现。在每一个模块中，可以包含很多函数。每一个函数可以实现一个具体的子功能，具体的实现方法需要根据一定的算法来定。

面向过程的设计有很多优点。首先，它易于掌握与理解，符合我们平时的思维习惯。其次，它特别适用于需求明确、规模较小和变动不大的问题。但是，它也有一些缺点，比如，数据与操作分离、数据的安全性得不到保证、程序结构的依赖关系不合理等。举一个简单的例子，在我们学习的 C 语言中，一个程序只有一个主入口函数，称为 main 函数。这个函数调用了其他的函数。这种调用关系随着程序的变大也会变得更加复杂。特定函数往往是具体功能的实现，而且这些具体的实现是经常变化的，这就造成了程序的核心结构依赖于外延的细节。通常细节上一个较小的变动就会带来一系列的变动。这对需求变动较多、规模较大的问题，就会显现出劣势。

通常来讲，最简单的软件工程分为需求分析、软件设计、代码编写、软件测试和软件部署等几个方面。下面我们通过如何实现打印月历这个例子，来依次说明如何使用这几个方面。

5.2 需求分析

需求分析需要研究的对象是用户对软件项目的要求。因此，我们必须全面理解用户的各项要求，准确地表达被接受的用户的要求。

软件需求分析是整个软件工程的重中之重，是软件设计的基础。只有深刻地理解我们需要"做什么"，才能更好地设计我们"怎么做""如何做"。换句话说，软件需求分析就是回答做什么的问题。它是一个对用户的需求进行去粗取精、去伪存真、正确理解，然后把它用软件工程开发语言（形式功能规约，即需求规格说明书）表达出来的过程。本阶段的基本任务是和用户一起确定要解决的问题，建立软件的逻辑模型，编写需求规格说明书文档并最终得到用户的认可。需求分析的主要方法有结构化分析、数据流程图和数据字典等。

现在我们以打印月历为例。根据自己对月历的理解，第 1 行应该出现星期几，下面几行应该依次打印出一个月中的具体天数，比如 1 号是星期几？当然，这是我们自己想象的。我们必须和用户进行沟通，和他们确认。星期几是用"MON""TUE""WED""THU""FRI""SAT""SUN"表示呢？还是使用"星期一""星期二"……"星期日"表示呢？对于不同的用户群体他们的需求是不一样的，外国人更喜欢第 1 种，而中国人更喜欢第 2 种。在本章中为了简单起见，我们使用第 1 种表示方法。

另外，我们需要和用户沟通年份和月份的输入问题。如何使用我们的软件才是方便的？是需要用手点击选择年份和月份，还是需要用户手动输入年份和月份呢？当然，大多数的用户都倾向于简便的第 1 种。这里假设用户都很勤奋，他们倾向于手动输入自己想查询的年份和月份。好了，这样我们就对要实现的打印的月历有了更加清晰的认识。我们知道一个比较好的月历，用户需要的月历应该是这样的：

MON	TUE	WED	THU	FRI	SAT	SUN
		1	2	3	4	5
6	7	8	9	10	11	12
13	14	15	16	17	18	19
20	21	22	23	24	25	26
27	28					

通过需求分析，应该生成一份需求规格说明书，主要包括用户提出的问题、需要实现的功能、界面、操作模式、易用性分析、性能要求、安全性、兼容性等，其中最直观的内容是用户的操作界面。

5.3 软件设计

做完需求分析，明白我们要做什么了之后，就需要考虑"如何做"这个问题了。

软件设计主要就是将软件需求转换为数据结构和系统结构，为接下来的工作提供大的构架，为建立一个稳定的系统提供支撑。软件设计可以分为概要设计和详细设计两个阶段。实际上软件设计的主要任务就是将软件分解成模块。模块是指能实现某个功能的数据和程序说明、可执行程序的程序单元。它可以是一个函数，对于其他语言还可以是过程、子程序、一段带有程序说明的独立程序和数据，也可以是可组合、可分解和可更换的功能单元。然后进行模块设计。概要设计就是结构设计，其主要目标就是给出软件的模块结构，用软件结构图表示。详细设计的首要任务是设计模块的程序流程、算法和数据结构，次要任务是设计数据存储方式，如数据库。

需求转换为设计时，如何判断设计的好坏呢？首先，设计必须实现分析模型中描述的所有显示需求，必须尽量满足用户的隐式需求。其次，设计必须是可读的，可理解的，便于编程、测试和维护。最后，设计从实现的角度出发，给出数据、功能行为相关的软件全貌。

首先要进行概要设计，我们把要实现的整个功能分为若干小功能模块来实现。至于具体怎么实现每一个小模块，就需要详细设计了。

首先，我们需要明确完成目标的初始条件：年份和月份。将用户输入的年份、月份保存到变量 year 和 month 中并由此生成月份，其间要确定月历第 1 天的打印位置和该月份的打印天数。

若需要打印的月历是闰年的 2 月，则打印的天数需加 1，分析后得到这个程序设计的流程图如图 5-1 所示。

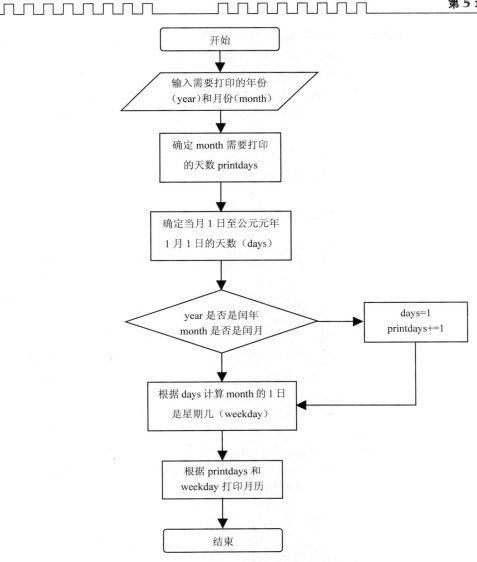

图 5-1 月历程序设计流程图

5.4 代码编写

作为软件工程过程的一个阶段，程序编码是设计的继续。程序设计语言的特性和程序设计风格会深刻地影响软件的质量和可维护性。为了保证程序编码的质量，程序员必须深刻理解、熟练掌握并正确地运用程序设计语言的特性。源程序要有良好的结构性和良好的程序设计风格。

代码风格好不好就像字写得好不好看一样，如果一个公司招聘秘书，肯定不要字写得难看的，同理，代码风格糟糕的程序员肯定也是不称职的。我们经常听到这样的说法："Thus，programs must be written for people to read，and only incidentally for machines to execute." 代码主要是为了写给人看的，而不是写给机器看的，只是顺便也能用机器执行而已。

源程序的效率：好的程序编码可以提高运行速度和节省存储空间。一般来说，任何对效率无重要改善，对程序的简单性、可读性和正确性不利的程序设计方法都是不可取的。许多编译程序具有"优化"功能，可以自动生成高效率的目标代码。提高存储器效率的关键是程序的简单性。

提高可读性：编码规范，帮助我们写出使同伴容易理解的代码，它为我们提供了最基本的模板，良好的编码风格使代码具有一定的描述性。

有助于知识传递，加快工作交接。风格的相似性，能让开发人员更迅速、更容易理解一些陌生的代码，更快速地理解别人的代码。这样的好处是开发人员可以很快接手项目组其他成员的工作，快速完成工作交接。

月历打印的代码如下。这是月历程序的 1.0 版。为使读者习惯按照代码方式阅读，特别把所有的说明都写在注释中了。

```
// calendar ver1.0  版本名称：switch
// 本程序输入 year 和 month 打印指定年份和月份的月历
// Created by yujing on 14/8/29.
// Copyright (c) 2014 年 yujing. All rights reserved.
/*********一个程序的头部应该用注释说明程序的作者、功能和版本
/*********注释说明，本程序对语句的注释写在语句的下方
/*********本程序没有认真设计"数据结构"，所以算法不够简洁，请仔细阅读两个 switch 处的程序，并考虑如何简化*********/

#include <stdio.h>
int main(int argc. Const char * argv[]){

    int year, month, days, printdays, weekday;
/********* year、month 表示日历的年、月，days 用于计算某月 1 日到公元元年 1 月 1 日是多少天，由此可以推算出某月 1 日
是星期几*********/
/********* printdays 表示当月需要打印的天数，weekday 用来保存某月 1 日是星期几
*********/
    int i;
/*********循环变量*********/
    printf("\ninput year");
    scanf("%d", &year);
//********* 以上两句提示输入年份
    printf("\ninput month");
    scanf("%d", &month);
//********* 以上两句提示输入月份

    days = 0;
//********* 由于下面要给 days 连续赋值，所以先将 days 清 0

    switch (month) {
      case 12:days+=30;
      case 11:days+=31;
      case 10:days+=30;
      case 9:days+=31;
      case 8:days+=31;
```

```
            case 7:days+=30;
            case 6:days+=31;
            case 5:days+=30;
            case 4:days+=31;
            case 3:days+=28;
            case 2:days+=31;
            case 1:days+=0; break;
            default:
                printf("\nmonth error\n"); return 2;
        }
```

/********* 上面 switch 用来计算 year 所表示的年份中，month 所表示的月份前一共有多少天*********/
/********* 例如输入 year=2014 month=3 则求出 2014 年的 1 月和 2 月一共有多少天，这里没有考虑闰年*********/
//********* 考虑闰年，闰年问题由后面的程序修正

```
    printdays=0;
    switch (month) {
        case 12:printdays=31;break;
        case 11:printdays=30;break;
        case 10:printdays=31;break;
        case 9:printdays=30;break;
        case 8:printdays=31;break;
        case 7:printdays=31;break;
        case 6:printdays=30;break;
        case 5:printdays=31;break;
        case 4:printdays=30;break;
        case 3:printdays=31;break;
        case 2:printdays=28;break;
        case 1:printdays=31;break;
        default:
            printf("\nmonth error\n"); return 2;
    }
```

//********* 又使用一个 switch 来计算 month 所表示的月份的月历所需要打印的天数
//********* 例如输入 month=3，则需要打印 31 天；若输入 month=2，则需要打印 28 天
//********* 这里没有考虑闰年，闰年问题由后面的程序修正

```
    days+=365*(year-1)+(year-1)/400+(year-1)/4-(year-1)/100;
```
    /********* 用于计算某月 1 日到公元元年 1 月 1 日有多少天，例如输入 year=2014*********/
    //********* 则总天数=2013*365+(2013 年中所有的闰年各加 1 天)

/*********由于公元元年 1 月 1 日是星期一，所以先求出某日期到公元元年 1 月 1 日的总天数，再利用求余运算即可得到该日期是星期几*********/

```
    if ((year%400= =0)||(year%4= =0 && year%100!=0)){

        if(month>2)days++;
        else if (month= =2) printdays++;
```

```
        }

        /********* 计算 year 是否是闰年，如果是，则闰年 2 月以后的总天数需要加 1，闰年 2 月的打印日期从 28 天变为 29 天
*********/

        weekday=(days+1)%7;
        //********* 计算出 month 所代表月份的 1 日是星期几，例如，求出是 weekday=4，即代表星期四，*********/
        //********* 则打印月历时从星期四位置开始打印数字，之前都为空格

        printf("\n            %7d --- %3d\n",year,month);
        //********* 打印 某年 某月
        printf("   SUN   MON   TUS   WEN   THU   FRI   SAT\n");
        //********* 打印星期标识
        for (i=1-weekday; i<=printdays; i++){
        //********* 这是一个特殊的设计，为的是在一个循环中完成空格和日期的打印，若 i 小于 1 则打印空格，否则打印日期
*********/
            i<1?printf("       "):printf("%5d",i);
        //********* 若 i 小于 1 则打印空格，即 1 日之前用空格占位，之后打印日期

            if ((i+weekday)%7= =0){
                printf("\n");
            }
        //********* 输出 7 个字符后换行，以形成月历格式

        }

        printf("\n\n      print over   \n");

        return 0;
```

写完一个程序或软件，总会进行一些升级，有时是功能的升级，有时是程序员发现了更好的解决方法。接下来看一下月历程序的 2.0 版。

```
// calendar ver2.0   版本名称:array
// 本程序输入 year 和 month 打印指定年份和月份的月历
// Created by yujing on 14/8/29.
// Copyright (c) 2014年 yujing. All rights reserved.
//********* 一个程序的头部应该用注释说明程序的作者、功能和版本
//********* 注释说明，本程序对语句的注释写在语句的下方
//********* 本程序设计了"数据结构"，所以算法比较简单，省略了上个版本中的两个
//********* switch 处的程序
//********* 程序=数据结构+算法，数据结构设计好了，算法自然就简单了


#include <stdio.h>


#int main(int argc, const char * argv[]){
    int year,month,days,printdays,weekday;
```

```
/******** year、month 表示月历的年、月, days 用于计算某月 1 日到公元元年 1 月 1 日是多少天, 由此可以推算出某月 1
日是星期几********/
    /******** printdays 表示当月需要打印的天数, weekday 用来保存某月 1 日是星期几********/
    int i;
    /********循环变量********/
    int mon[13]={0,31,28,31,30,31,30,31,31,30,31,30,31};
    /********利用数组这种数据结构, 先存放好每月的天数, 此处没有考虑闰年问题, 闰年问题由程序算法修正********/
    /********由于 C 语言数组索引从 0 开始, 考虑到月份与天数的对应习惯, 特地使用 13 个元素的数组********/

    printf("\ninput year,from 0~2999;");
    scanf("%d",&year);
    /******** 以上两句提示输入年份********/
    printf("ninput month,from 1~12:");
    scanf("%d",&month);
    /******** 以上两句提示输入月份********/

    if (month<1||month>12 ||year<0||year>2999){
        printf("\nerror month");
        return 3;
    }
    /******** 若输入有误则退出 ********/

    days=0;
    /******** 由于下面要给 days 连续赋值, 所以先将 days 清 0********/
    for (i=0; i<month; i++){
        days+=mon[i];
    }

    /******** 上面利用循环和数组来计算 year 所表示的年份中, month 所表示的月份之前的天数, 比使用 switch 简洁
********/
    /******** 例如输入 year=2014 month=3 则求出 2014 年 3 月之前一共有多少天, 这里不需要考虑闰年********/
    /******** 闰年问题由后面的程序修正********/


    printdays=mon[month];
    /******** 又省略一个 switch, 直接用赋值得到 month 所表示的月份的月历所需要打印的天数********/
    //****** 例如输入 month=3, 则需要打印 31 天; 若输入 month=2, 则需要打印 28 天
    //****** 这里不需要考虑闰年, 闰年问题由后面的程序修正


    days+=365*(year-1)+(year-1)/400+(year-1)/4-(year-1)/100;
    /******** 用于计算某月 1 日到公元元年 1 月 1 日是多少天, 例如输入 year=2014********/
    //******** 则总天数=2013*365+(2013 年中所有的闰年各加 1 天)

    /********由于公元元年 1 月 1 日是星期一, 所以先求出某日期到公元元年 1 月 1 日的总天数, 再利用求余运算即可得到该日
期是星期几********/
```

```
if ((year%400= =0)||(year%4= =0 && year% 100!=0)){

    if(month>2)days++;
    else if (month= = 2) printdays++;
}

//********* 计算 year 是否是闰年，如果是，则闰年 2 月以后的总天数需要加 1，闰年 2 月的打印日期从 28 天变为 29 天

weekday=(days+1)%7;
//********* 计算出 month 所代表月份的 1 日是星期几，例如，求出是 weekday=4，即代表星期四，
//********* 则打印月历时从星期四位置开始打印数字，之前都为空格

printf("\n       %7d --- %3d \n",year,month);
//********* 打印 某年 某月
printf("  SUN  MON  TUS  WEN  THU  FRI  SAT\n");
//********* 打印星期标识
for (i=1-weekday; i<=printdays; i++) {
    //********* 这是一个特殊的设计，为的是在一个循环中完成空格和日期的打印，若 i 小于 1 则打印空格，否则打印日期
    i<1?printf("      ");printf("%5d",i);
    //********* 若 i 小于 1 则打印空格，即 1 日之前用空格占位，之后打印日期

    if ((i+weekday)%7= =0){
        printf("\n");
    }
    //********* 输出 7 个字符后换行，以形成月历格式

}
printf("\n\n      print over      \n");


return 0;
}
```

在后续练习中读者可以对这个例程不断更新，例如用函数重写、添加重复打印功能等，以便尽快提高代码编写水平。

5.5 软件测试

软件测试的目的是以较小的代价发现尽可能多的错误。要实现这个目标，关键在于设计一套出色的测试用例（测试数据和预期的输出结果组成了测试用例）。设计出一套出色的测试用例，关键在于理解测试方法。不同的测试方法有不同的测试用例设计方法。两种常用的测试方法是白盒法和黑盒法。白盒法测试对象是源程序，依据程序内部的逻辑结构来发现软件的编程错误、结构错误和数

据错误。结构错误包括逻辑、数据流、初始化等错误。用例设计的关键是以较少的用例覆盖尽可能多的内部程序逻辑结果。黑盒法依据的是软件的功能或软件行为描述，发现软件的接口、功能和结构错误，其中接口错误包括内部/外部接口、资源管理、集成化以及系统错误。黑盒法用例设计的关键同样也是以较少的用例覆盖模块输出和输入接口。

打印月历的软件开发完成之后，需要提供给测试人员一个可以运行的程序。根据软件的使用说明文档，输入年份和月份，如果能够正确地输出月历，那么就说明这个软件能够正常运行。但是对于一次正确的结果并不能说明这个软件就是很稳定的。比如我们可以测试用户输入错误的情况。假设一个粗心的用户输入了 20133 年，那么程序是给出一个正确的提示呢，还是直接就崩溃了呢？软件测试的主要目的除了测试一些正常的功能是否可以实现外，更重要的就是发现软件中存在的问题。一个没有经过严格测试的软件，交付给用户，如果出现了问题，就会造成很坏的影响。

当然，除了测试人员的测试，开发人员也应该对自己的代码进行一些单元测试。什么是单元测试呢？比如我们完成了一个功能模块"计算打印天数"，它有两个参数：year 和 month，分别表示年份和月份。那么，我们就可以给它传入各种测试参数，然后观察这个功能模块的输出结果。单元测试常常以函数或单独文件为单位完成。

5.6 软件部署

软件部署是规划开发之后的软件在什么样的环境中运行。比如，为了给用户使用，是生成一个安装文件，让用户安装呢，还是只是一个简单的可执行文件？最常见的就是生成一个安装文件。

在我们平时使用的计算机中，只要双击时间图标，就会弹出月历，这样也给用户使用带来了很大的方便。

5.7 其他

维护是指在已完成对软件的研制（分析、设计、编码和测试）工作并交付使用以后，对软件产品所进行的一些软件工程的活动，即根据软件运行的情况，对软件进行适当修改，以适应新的要求，以及纠正运行中发现的错误，编写软件问题报告、软件修改报告。

一个中等规模的软件，如果研制阶段需要一两年的时间，在它投入使用以后，其运行或工作时间可能持续 5～10 年，那么它的维护阶段也是运行的这 5～10 年时间。在这段时间，人们几乎需要着手解决研制阶段所遇到的各种问题，同时还要解决某些维护工作本身特有的问题。做好软件维护工作，不仅能排除障碍，使软件正常工作，而且还可以使它扩展功能、提高性能，为用户带来明显的经济效益。然而遗憾的是，人们对软件维护工作的重视往往远不如对软件研制工作的重视。事实上，和软件研制工作相比，软件维护的工作量和成本都要大得多。

在实际开发过程中，软件开发并不是从第 1 步进行到最后一步，而是在任何阶段，在进入下一阶段前一般都有一步或几步的回溯。在测试过程中出现的问题可能要求修改设计；用户可能会提出一些需要，所以要修改需求说明书等。

5.8 本章小结

本章结合打印月历的例子，介绍了简单的软件工程，包括需求分析、软件设计、代码编写、软件测试和软件部署。读者应该对这个简单的软件工程过程进行了解，并且在以后的学习和练习中，使用软件工程的思想进行分析、设计和编码，养成一个良好的习惯。

现在大家可以仔细阅读本节，它是一篇很好的语法总结，并且它还列举了我们之前没有着重介绍的一些语法细节。在前 5 章的篇幅中我们只是培养"全局观"，没有过多的注重细节，但是 C 语言会利用一些语法细节极大地提高编程的效率，所以熟练掌握细节也是程序员成熟的标志。

在这里我们简单回顾一下第 1 章～第 5 章所涉及的 C 语言基本知识。

1．输入和输出

C 语言没有输入和输出语句。在 PC 环境中，C 语言利用 scanf 和 printf 函数完成从键盘输入以及将结果输出到屏幕的功能。

（1）scanf 函数的调用形式。

```
scanf ("%d%f", &a, &b);  //输入一个整型数 a, 一个浮点数 b
```

常见错误：①对需要输入的变量没有作"地址运算"；②对输入数据指定精度，如%5.2f。

（2）printf 函数的调用形式。

```
printf ("demo string");   //一串字符原样输出
printf ("a=%d, b=%5.2f, c=%c", a, b, c);    //整型数、浮点型数、字符型数据的格式化输出
```

2．变量

由用户定义名称，程序运行过程中可以改变其值的数据称为变量。用户定义的名称称为标识符，合法的标识符只能由字母、数字、下画线 3 种字符组成，必须由字母或下画线开始。

变量的类型有 int（整型，格式控制符：%nd、%o、%x）、long（长整型，格式控制符：%l）、float（单精度浮点型，格式控制符：%f、%g、%e、%m.nf）、double（双精度浮点型，格式控制符：%f、%g、%e、%m.nf）、char（字符型，格式控制符：%c）、unsigned（无符号整型，格式控制符：%u）。

3．常量

与变量相反，在编程过程中由程序员确定数值，而在程序运行过程中不能改变其值的数据称为常量。常量必须有一个合法标识表示的称谓。

4．运算符

C 语言的运算符分为几类。

（1）括号：（），括号内的数据优先处理。

（2）算术运算符（见表 5-1）。

表 5-1   算术运算符

算术运算符	含　义	说　　明
+	加法运算符	遵循数学运算规则
-	减法运算符	
*	乘法运算符	
/	除法运算符	
%	模运算、求余运算符	只能用于整型

（3）关系运算符（见表 5-2）。

表 5-2   关系运算符

关系运算符示例	说　　明
a>b	a 大于 b 时为真
a>=b	a 大于等于 b 时为真
a<b	a 小于 b 时为真
a<=b	a 小于等于 b 时为真
a==b	a 和 b 相等时为真
a!=b	a 和 b 不相等时为真

注意：C 语言在关系运算和逻辑运算中有两种结果：1（真）以及 0（假）。

（4）逻辑运算符（见表 5-3）。

表 5-3   逻辑运算符

逻辑运算符示例	说　　明
a&&b	a、b 皆不为 0 时为真，否则为假
a||b	a、b 皆为 0 时为假，否则为真
！a	a 为 0 时为真，否则为假

注意：C 语言中所有不为 0 的值都被视为逻辑意义的真，只有 0 被视为假。

（5）自增（++）、自减（--）运算符。

自增（自减）运算符单独使用时与 i=i+1（i=i-1）没有差别，但是，自增（自减）运算符在表达式中用于混合计算时，需要根据自增（自减）运算符所处的位置决定自增（自减）计算的时机。

例如：若 i=3，则表达式 i++由于只含有单纯的自增运算，所以相当于 i=i+1，其结果是 i=4；而复杂的表达式如 k=++i+j--（设 i=4，j=6），由于该表达式不单纯含有自增和自减运算，所以需要考虑符号的位置。这里有一个简单的判断和表达式转换方法：若自增（自减）运算符的位置在变量之前，则自增（自减）运算在原表达式之前进行；若自增（自减）运算符的位置在变量之后，则自增（自减）运算在原表达式之后进行。

k=++i+j--的一组等效表达式如下：

i=i+1;

k=i+j;

j=j-1; 其结果是 i=5,j=5,k=10。

（6）赋值运算符（见表 5-4）。

表 5-4　　　　　　　　　　　　　　　　　　赋值运算符

赋值运算符示例	说　　明
a=3	a 的值为 3，表达式的值也是 3
a+=5	相当于 a=a+5，那么 a 的值是 8
a+=a-8	赋值号的优先级比减号低，所以先计算 a-8，其值为 0，再计算 a+=0，这时候 a 的值是 8，所以最后的结果是：a=8

① 直接赋值：=。

② 复合赋值：+=、-=、*=、\=。

（7）条件运算符。

使用形式：

表达式 a ? 表达式 b : 表达式 c

条件运算符是 C 语言中唯一的三目运算符，可以用来代替简单的 if 语句，以提高效率。其运算规则是若表达式 a 为真（不为 0），则计算表达式 b 的值作为整个表达式的值，否则计算表达式 c 的值作为整个表达式的值，表达式 b 和表达式 c 中总有一个不计算。

（8）逗号运算符。

使用形式：

表达式 a，表达式 b，表达式 c

使用逗号运算符的目的是起一定分断作用，逗号运算符分断的作用比语句的分断结束标志 "；" 弱，经常用于下面的场合：

```
for(i=0,cond=;i<N;i++)
  cond*=i;
```

在 for 语句的第 1 个表达式中连续进行了两个初始化，中间需要一个"分断"，这里使用逗号运算符恰如其分。

（9）运算优先级。

以上列出的运算符优先次序为：括号、自增（自减）运算符、算术运算符、关系运算符、逻辑运算符、条件运算符、赋值运算符、逗号运算符。

5. 分支结构

（1）if 语句的两种常见形式：

```
① if （表达式）
      语句 A；
```

if 语句中若表达式的值为真（非 0），则执行语句 A；为假（0），则略过语句 A。

```
② if （表达式）
  语句 A
else
  语句 B
```

if 语句中若表达式的值为真（非 0），则执行语句 A；否则执行 else 以后的语句 B。

需要注意的是，if 语句中用来确定程序流程的表达式可以是任意类型，而语句 A 和语句 B 可以是复合语句。

复合语句是指用 "{ }" 括起来的由多条语句组成的语句块，复合语句在语法结构上等同于一条语句。

（2）switch 语句。

使用形式：

```
switch (表达式 S) {
  case A: {语句1; break; }
  case B: {语句2; break; }
  case C: {语句3; break; }
  default: 语句n;
}
```

当 switch 的表达式 S 的值与 case 分句中的值相等时，执行相应 case 分句后面的语句。若该 case 分句中有 "break" 关键字，则执行到 break 后退出 switch 语句；若该 case 分句中没有 "break" 关键字，则依次执行后续的 case 分句，直到遇到 break 后退出。若表达式 S 不能匹配任何 case 分句的值，那么程序将在执行 default 分句中的语句后结束。

6．循环结构

（1）for 循环。

使用形式：

```
for (表达式a; 表达式b; 表达式c)
      语句 D;
```

首先，for 语句对所有表达式的类型都没有限制，甚至可以为空，只需要注意不能省略括号中的两个 ";"。其次，for 语句的执行顺序是：先执行表达式 a，然后执行表达式 b，若表达式 b 不为 0，则执行语句 D 和表达式 c，而后转到表达式 b 形成循环，循环一直执行到表达式 b 为 0。语句 D 可以是复合语句。

（2）while 循环。

使用形式：

```
while (表达式b)
      语句 D;
```

若表达式 b 不为 0，则执行语句 D，而后回到表达式 b 形成循环，循环一直执行到表达式 b 为 0。语句 D 可以是复合语句，表达式 b 可以是任意类型。

（3）do…while 循环。

使用形式：

```
do{
  语句 D;
}
while (表达式b) {
```

先执行语句 D，再判断表达式 b 是否为 0，不为 0 则再次执行语句 D，而后回到表达式 b 形成循环。这种循环的特点是：至少执行一次语句 D（循环体）。

7．一维数组

```
定义：类型　标识符[元素个数]
```

数组可以看作同类型变量的集合，所以数组元素与普通变量在使用方面没有区别。使用数组元素的方法是：数组名[数组元素索引]。数组元素索引也叫数组下标，它标志该数组元素在集合中的排序位置。C 语言中数组元素索引从 0 开始，设元素数量为 N，则最大元素索引是 $N-1$。

编程中经常使用循环遍历数组，要点是下标不能越界。

8. 简单的函数

在使用函数前需要声明，声明方式是：

```
类型  函数名（参数类型列表）
```

例如：

```
intfun (int ,float) //参数类型列表并不需要写出变量名称
```

函数需要定义原型和说明函数功能。函数原型中的参数叫形式参数，一般简称为形参。

例如：

```
int  fun (inta,float f)
{ intnum;
    函数内的功能语句；
    return num; //返回值的类型与函数声明的类型一样
}
```

函数调用非常简单，只要写出函数名和需要传递的参数，例如：

```
fun (a, 3.5); //参数可以是类型匹配的任意表达式
```

函数调用时的参数被称为实际参数，简称为实参。在 C 语言中形参值的改变永远不会影响实参，这是铁律，换句话说实参只把数值单向传给形参，除此之外，形参和实参没有任何关系。

5.9 | 练习

习题 1：尝试为月历程序编写一个函数，解决用户输入错误的问题，如输入"20111 年"或"16 月"等。

习题 2：尝试将确定每月首日打印位置的功能编制成函数。

习题 3：尝试将闰年判断功能编制成函数。

习题 4：为本章的月历程序增加新功能：可以连续输入几个月的月历，比如输入"1991，5"和"1991，10"，则程序输出 1991 年 5 月至 10 月的月历。

习题 5：写一份报告，分析本章两个月历程序的流程、方法和异同。

利用二维数组和结构体处理复杂的表格

在本书的第 4 章，我们学习了一维数组。而实际上，我们日常见到的数据不是只有一维，而是存在更复杂的数据形式，其中大多以表格形式存在。对于相对简单的数据单一的表格可以用二维数组表达，复杂的表格可以使用结构体。

我们先看第 1 种相对简单的数据的情况，即表格的形式。通常二维数组用于描述多个具有多项属性的事物。首先，假设一个学生有语文、数学和英语 3 门成绩，显然可以使用一维数组来保存这个学生的 3 门成绩。但是，如果有多个学生呢？如果需要保存一个班级的学生的成绩呢？这时候，我们就可以用二维数组来描述。那什么是"维"呢？我们使用数学上的线和面来形象地表示。在数学中，一维空间是一条线，可以使用一条数轴来表示。二维空间是一个平面，数学中用平面坐标系来表达。

在 C 语言中，一维数组表达一种"线性的数据结构"，而二维数组常用来表达一种"表格形式的数据结构"。就像平面上的位置坐标可以用 (x, y) 表达一样，表格类型的数据可以用该数据所在的"行"和"列"来定位，比如人们常说"第 5 行第 3 列那个数据"。一维数组、二维数组乃至 N 维数组都可以在 C 语言中定义出来，但是从使用效果看一维数组和二维数组比较常用。数组有一个特点：所有元素的类型是一致的，如图 6-1 所示。

观察图 6-1 以后读者是否会产生一个疑问：像图 6-2 那样的表格，每列的数据类型并不一样，C 语言有办法表达吗？答案是肯定的，C 语言有一个强大的工具：结构体。结构体是 C 语言用来进行自定义数据的工具，它可以将若干种已有的数据类型组合成一种新的类型，简单来说，结构体可以利用"int、char[]、float、float"组合成一种新的数据类型，暂且叫 student_info，那么图 6-2 中的数据就可以表达为 student_info 数据类型的一维数组。

下标0	12
下标1	99
下标2	45
下标3	66
下标4	78
下标5	100
下标6	56

（a）一维数组

行号0	66	75	88	91
行号1	88	84	99	100
行号2	67	79	78	89
行号3	87	85	77	88
行号4	67	78	79	99

（b）二维数组

图 6-1　一维数组和二维数组

	学号	姓名	数学	英语
下标0	1	张三	89.5	76.0
下标1	2	李四	90.0	92.0
下标2	3	王五	77.0	99.0
下标3	4	赵六	79.5	65.5
下标4	5	马七	60.0	77.0
下标5	6	路人甲	88.0	87.5
下标6	7	路人乙	92.5	96.0

利用结构体将 int、char[]、float、float 组成一个新类型 student_info 表达一行数据。

这时 int(学号)、char[](姓名)、float(数学成绩)和 float(英语成绩)都是这个数据的成分。

图 6-2　利用结构体处理"有意义"的表格

6.1 表格与二维数组

我们从一个应用开始讲起，假设某个班级有 45 人，每人参加 6 门考试。我们需要每个学生的总分与平均分，以此来给每个学生排名次。分析这个应用，如果使用一维数组，那么该怎么做呢？读者可以思考一下。有两种方法：第 1 种为定义 45 个一维数组，每一个数组表示一个学生，有 6 个元素，分别存储 6 门考试成绩；第 2 种为定义 6 个一维数组，每一个数组表示一门课，有 45 个元素，分别存储 45 个学生的成绩。但是，无论是哪种方法，我们都会发现实施起来太麻烦了，利用一维数组就有些力不从心了。但是，一维数组又给了我们一些启发。所有的这些成绩都是整型的，也就是说都是相同数据类型的。在这种启发之下，二维数组出现了，它可以轻松完成一维数组不容易完成的任务。

6.1.1　二维数组的定义

二维数组定义的一般形式是：

```
类型说明符 数组名[常量表达式1][常量表达式2]
```

显然，二维数组比我们熟悉的一维数组多了一个下标。我们把二维数组的两个下标分别称为行下标和列下标，在前面的是行下标，在后面的是列下标。其中，常量表达式 1 表示第 1 维下标的长度，常量表达式 2 表示第 2 维下标的长度。例如下面这个定义：

```
int a[3][4];
```

说明了一个 3 行 4 列的数组，数组名为 a，其下标变量的类型为整型。该数组的下标变量共有 3×4 个，即：

```
a[0][0], a[0][1], a[0][2], a[0][3]
a[1][0], a[1][1], a[1][2], a[1][3]
a[2][0], a[2][1], a[2][2], a[2][3]
```

二维数组在概念上是二维的，即其下标在两个方向上变化，下标变量在数组中的位置也处于一个平面之中，而不是像一维数组只是一个向量。但是，实际的硬件存储器却是连续编址的，也就是说存储器单元是按一维线性排列的。要在一维存储器中存放二维数组，有两种方法：一种是按行排列，即放完一行之后顺次放入第 2 行；另一种是按列排列，即放完一列之后再顺次放入第 2 列。在 C 语言中，二维数组是按行排列的，即先存放 a[0]行，再存放 a[1]行，最后存放 a[2]行。每行中有 4 个元素，也是依次存放。由于数组 a 说明为 int 类型，该类型占 2 字节的内存空间，所以每个二维数组元素均占有 2 字节。

6.1.2　二维数组的初始化

二维数组初始化也就是说在类型说明时给各下标变量赋初值。二维数组初始化时，可按行分段赋值，也可按行连续赋值。以数组 a[5][3]为例分别介绍这两种情况。

（1）按行分段赋值，分为 5 段，可写为：

```
int a[5][3] = { {80, 75, 92}, {61, 65, 71}, {59, 63, 70}, {85, 87, 90}, {76, 77, 85} };
```

（2）按行连续赋值，一共 15 个元素，可写为：

```
int a[5][3] = { 80, 75, 92, 61, 65, 71, 59, 63, 70, 85, 87, 90, 76, 77, 85};
```

这两种赋初值的方法结果是完全相同的。

6.1.3　二维数组的访问

和一维数组一样，二维数组访问无非是读取和写入这两个基本操作。要注意每个二维数组的元素需要双下标确定，下标应为整型常量或整型表达式。例如：

```
a[3][4]
```

表示 a 数组第 3 行第 4 列的元素。能够"定位"元素就可以对元素进行读写了。例程 6-1 是先对二维数组进行写操作，然后再进行读操作的例子。

```
1    #include "stdio.h"
2    int main() {
3        int a[3][4];
4        int i, j;
5        for ( i = 0; i < 3; i ++)
6            for(j = 0; j < 4; j ++)
7                scanf("%d", a[i][j]);
8        for (i= 0; i< 3; i++) {
9            printf("\n");
10           for(j = 0; j < 4; j++) {
11               printf("%5d", a[i][j]);
12           }
13       }
14       printf("\n");
15   }
```

例程 6-1　二维数组的应用

在例程 6-1 中，第 3 行定义了一个存放整型数的二维数组 a，它包含 3 行、4 列共 12 个元素。读者应该记得，我们在对一维数组进行读写的时候使用的是一个 for 循环。显然，为了达到对二维数组的访问，需要两个循环。第 5 行到第 7 行通过两个 for 循环，读入用户输入的数字，然后存放到对应的二维数组中。第 8 行到第 13 行通过两个 for 循环，依次读取二维数组中的元素，然后输出。

很多时候，我们需要管理二维数组的下标。比如，班里来了新同学，需要保存他的成绩，那么，我们只能将二维数组的行数增加。或者，这个学期新开了一门课，需要增加列数。为了方便进行高效的维护，行、列的定义可以使用宏来实现。例程 6-2 是对例程 6-1 的改进。

```
1    #include "stdio.h"
2    #define N 3
3    #define M 4
4    int main() {
5        int a[N][M];
6        int i, j;
7        for( i = 0; i < 3; i++)
8            for ( j = 0; j < 4; i++)
9                scanf("%d", a[i][j]);
10       for(i = 0 ;i < 3; i++) {
11           printf("\n");
12           for(j = 0; j < 4; j++) {
13               printf("%5d", a[i][j]);
14           }
15       }
16       printf("\n");
17   }
```

例程 6-2　利用宏定义可以方便地改变数组的大小

在例程 6-2 中，第 2 行和第 3 行分别定义了两个宏，第 1 个表示二维数组中的行数，第 2 个表示二维数组中的列数。如果我们想改变二维数组的大小，只需要改变这两个宏的值就可以了。这里需要注意的是，这样的改变是编译时的改变，程序运行时数组的大小是不能被改变的。

为了更好地理解宏对于二维数组使用的方便性，再看例程 6-3，某个班级 45 人，每人参加数学、英语两门课的考试，求总分与平均分。

```
1    #include "stdio.h"
2    #define ROWS 45
3    #define    COLS 4
4    #define    MATH 0
5    #define    ENGLISH 1
6    #define    TOTAL 2
7    #define    AVG 3
8    int main() {
9        float score[ROWS][COLS];
10       int row, col;
11       for( row = 0; row < ROWS; row++)
12           for (col = 0; col < COLS - 2; col++)
13               scanf("%f", score[row][col]);
14       for(row = 0; row < ROWS; row++) {
15           score[row][TOTAL] = score[row][MATH] + score[row][ENGLISH];
16           score[row][AVG] = score[row][TOTAL]/2.0;
17       }
18       for(row = 0; row < ROWS; row++){
19           printf("\n");
20           for(col = 0; col < COLS; col++)
21               printf("%7.2f", score[row][col]);
22       }
23       printf("\n");
24   }
```

例程 6-3 使用二维数组求总分和平均分

在例程 6-3 中，第 2 行到第 7 行定义了一系列的宏。为什么要在这里使用宏呢？首先是提高代码的可读性。如果需要数学成绩，通过下标"MATH"就可以知道是数学成绩，这样我们就不用在编程的时候一直在想到底是第 3 列，还是第 4 列是数学成绩。其次像前面章节介绍的，方便修改和升级，如果要处理 50 人的成绩，只需将"#define ROWS 45"改为"#define ROWS 50"，而不需要改变程序的其他部分。程序第 11 行到第 13 行为用户输入成绩，并存放到二维数组中。在第 14 行到第 17 行分别计算总分和平均分。第 18 行到第 22 行输出计算的成绩。请读者仔细体会这个例程，掌握二维数组的使用方法。

6.2 利用结构体完成复杂的数据表格

更复杂的表格，例如 Excel 软件中的表格，特点是一行中有诸多不同类型的数据，这时就需要利用结构体来处理。

定义结构体使用 struct 修饰符，定义一个结构体的一般形式为：

```
struct 结构名  {成员表列};
```

成员表列由若干个成员组成，每个成员都是该结构体的一个组成部分。对每个成员也必须进行类型说明，其形式为：

```
类型说明符 成员名
```

表示结构体变量成员的一般形式是：

```
结构体变量名.成员名
```

例如：

```
boy1.num          即结构体变量 boy1 的学号成员
boy2.sex          即结构体变量 boy2 的性别成员
```

我们之前提到过，数组只能存放相同类型的数据。结构体可以用不同的类型构造出用户需要的新类型，例如如果要在 6.1 节成绩的应用中加入每个人的学号和姓名，应对这种复杂的应用就需要我们自定义一种数据类型，请看例程 6-4。

```
1      #include "stdio.h"
2      struct student {
3          int num;           //学号
4          char name[20];      //姓名
5          float math, english, total, avg;        //数学,英语,总分,平均分
6      }
7      int main() {
8          struct student zhang3;
9          scanf("%d", &zhang3.num);
10         gets(zhang3.name);
11         scanf("%f%f", &zhang3.math, &zhang3.english);
12         zhang3.total = zhang3.math + zhang3.english;
13         zhang3.avg = zhang3.total / 2.0;
14         printf("\nzhang3 的成绩信息为:学号   姓名   数学   英语   总分   平均分\n");
15 printf("\n%d%s%5.2f%5.2f%5.2f%5.2f", zhang3.num, zhang3.name, zhang3.math, zhang3.english,
zhang3.total, zhang3.avg);
16     }
```

例程 6-4　使用结构体计算成绩

例程 6-4 需要定义并输入/输出一个结构体变量，该变量包含一个学生的学号、姓名、数学成绩、英语成绩、总分和两门课的平均分。

例程 6-4 中，第 2 行到第 6 行定义一个结构体 student，它是一个新的类型，主要包含以下几个成员：学号 num、姓名 name、成绩 math、成绩 english、总分 total 和平均分 avg。现在有了一个叫作 student 的类型了。在第 8 行，定义一个这个类型的变量 zhang3（读者可以对比整型变量的定义）。第 9 行到第 11 行依次读入 zhang3 的学号和姓名，并且存放到变量的成员中。第 12 行和第 13 行计算 zhang3 的总分和平均分。第 14 行和第 15 行进行输出。

其实，处理多类型数据表格的方法就是利用结构体将 "列" 组合成一个新类型，这时可将每行都看成一个元素，于是表格就变成了 "行的一维数组"。如此，我们可以使用一维数组的所有方法来处理结构体数组，只是注意结构体只能对成员进行处理。当然，我们也可以定义结构体变量数组来处理大量的数据。

随堂练习

利用一维数组扩展例程 6-4，用结构体数组处理 20 个学生的成绩。

6.3 | 本章小结

本章我们学习了复杂表格的处理方法，从之前学习的一维数组出发，逐渐过渡到二维数组的学习。但是，数组只能存放同种类型的数据，对于多种类型的数据，需要使用结构体类型。结构体是一种自定义类型。通过本章的学习，读者加深了对数组的理解，包括数组的定义，特别是数组元素的访问。比如对于一维数组，一般通过一个循环可以方便地访问数组元素；对于二维数组，通过两个循环嵌套可以方便访问。同时，结构体的定义和使用也应该熟悉。

对于二维数组初始化赋值还有以下说明。（1）可以只对部分元素赋初值，未赋初值的元素自动取 0 值。（2）如对全部元素赋初值，则第 1 维的长度可以不给出。（3）数组是一种构造类型的数据。二维数组可以看作是由一维数组的嵌套而构成的，即一维数组的每个元素都又是一个数组，就组成了二维数组。当然，前提是各元素类型必须相同。根据这样的分析，一个二维数组也可以分解为多个一维数组。C 语言允许这种分解。

如二维数组 a[3][4]，可分解为 3 个一维数组，其数组名分别为 a[0]、a[1]、a[2]，对这 3 个一维数组不需另作说明即可使用。这 3 个一维数组都有 4 个元素，例如：一维数组 a[0] 的元素为 a[0][0]、a[0][1]、a[0][2]、a[0][3]。必须强调的是，对于二维数组 a[3][4] 而言，a[0]、a[1]、a[2] 不能当作下标变量使用，它们其实是数组名，不是一个单纯的下标变量。

结构体可以理解为程序中的自定义类型，而 int、double 等类型是 C 语言的内嵌类型，结构体可以由这些内嵌类型组合而成，当然，结构体定义中也可以包含其他结构体。结构体是一种复杂的数据类型，是数目固定、类型不同的若干类型成员的集合。结构体的使用主要分为以下 3 种情形。

（1）先定义结构，再说明结构变量。

（2）在定义结构类型的同时说明结构变量，这种形式的说明的一般形式为：

```
struct 结构名  {
成员表列
} 变量名表列;
```

（3）直接说明结构变量，这种形式的说明的一般形式为：

```
struct  {
成员表列
} 变量名表列;
```

6.4 | 练习

习题 1：一个 3 行 4 列的整型二维数组，编程搜索其中的最大值元素，输出其值和行、列号。尝试利用宏修改本程序，使之可以适应不同行、列数的二维数组。

习题 2：将 $N \times M$ 二维数组的行与列转置，成为 $M \times N$ 的二维数组，并打印输出成矩阵形式。

习题 3：将一个任意长度的一维数组打印成可能的二维形式，如一个一维数组有 15 个元素，则打印成 3 行 5 列的形式。

习题 4：求任意一个行和列均大于 2（即最小 3×3）的二维数组任意位置元素的周围元素的和（如图 6-3 阴影部分所示）。

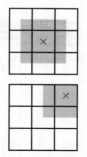

图 6-3　习题 4 配图

习题 5：编程：管理班级学生的期末成绩，该班学生的考试科目有语文、数学、外语。要求以表格形式输入所有学生的学号、姓名、各科成绩、总分和平均分。

习题 6：为习题 5 增加按学号查询和按姓名查询功能，列出匹配学生的详细信息。

习题 7：为习题 5 增加查询学科成绩、最高分学生信息的功能。

第7章 函数与数组的综合运用

在 C 语言中，函数是一个简化编程的重要工具。我们在本书前面的章节中简单地介绍过函数的使用，读者应该对函数有了一个初步的了解。其实，函数还有许多使用技巧，掌握了这些技巧可以帮助我们更好地使用 C 语言。因此，在这一章我们将详细和规范地介绍与函数使用相关的一些细节问题，主要内容包括函数的定义和应用、函数的参数传递和变量作用域、在函数间传递数据、特殊的函数调用方法。

7.1 函数的定义和应用

在 C 语言中，函数的定义为：一个可以反复使用的、具有合法名称的独立功能代码段。调用者可以向函数传递参数，同时，函数可以给调用者返回一个值。

这个定义有 3 层含义。（1）函数是独立的，独立到什么程度呢？答案是可以独立于程序之外，这就使得函数可以在不同程序之间重复使用。读者可以思考我们已经非常熟悉的 printf，它就是一个函数，只不过是系统已经实现好的，我们可以在不同的程序中调用。（2）函数是可以有参数的，而且参数的数量不作规定。通常通过参数传递给函数需要的数据。比如，我们需要打印一个字符串，就要将这个字符串传递给 printf。（3）函数是可以有返回值的，但是，返回值最多只能有一个。我们通常使用返回值得到函数的执行结果。以上是定义一个函数的基本要求，必须牢记。

【例 7-1】编写一个求圆的面积的函数，该函数有一个参数表示半径，一个返回值返回所求的面积。通过调用这个函数，计算具有不同半径的 3 个圆的面积。例程 7-1 为其实现代码。

在例程 7-1 中，第 2 行到第 6 行用实现的方式定义了一个函数 circlearea，函数具有一个参数 r。计算完面积之后，通过 s 返回。第 7 行到第 14 行是主函数。在主函数中，第 8 行使用 3 个变量 r1、r2 和 r3 保存 3 个不同圆的半径。然后，第 9 行定义 3 个变量分别保存计算之后圆的面积。第 10 行调用 circlearea 计算第 1 个圆的面积。调用的时候，r1 的值传递给函数，程序从第 3 行开始执行，开始计算圆的面积，计算之后，在第 5 行返回。然后，在程序的第 10 行，函数的返回值赋值给变量 area1。此时，area1 保存了第 1 个圆的面积（r1）。随后，程序继续执行第 11 行，和执行第 10 行类似，变量 r2 中的值传递给函数 circlearea，从第 3 行开始执行，计算圆的面积，然后通过第 5 行返回，之后，在第 11 行，将圆的面积值赋给变量 area2。同理，执行第 13 行，计算第 3 个圆的面积。读者应仔细体会函数的调用过程。这里必须注意，函数必须先声明再使用。第 2 行到第 6 行称为函数的实现，如果把这段放到主函数 main 之后呢？读者可以尝试一下，此时会报错。这说明如果按书写顺序将实现写于调用之前，则可省略函数声明，但是在编程时并不能保证这一点，所以，对函数而言，在使用和实现前就作形式声明是良好的习惯。声明时只需给出函数及其参数的类型即可。请看例程 7-2 的代码。

```
1    include <stdio.h>
2    float circlearea ( int r ) {
3        float s, pi = 3.14;   // 用变量 s 存储圆的面积,确定圆周率是 3.14
4        s = pi * r * r;       // 计算圆的面积
5        return s;
6    }
7    int main() {
8        int r1 = 1 , r2 = 2, r3 = 3;   // 3 个圆的半径
9        float area1, area2, area3;
10       area1 = circlearea ( r1 );
11       area2 = circlearea ( r2 );
12       area3 = circlearea ( r3 );
13       return 0;
14    }
```

例程 7-1　使用函数计算圆的面积（一）

```
1    include <stdio.h>
2    float circlearea ( int );
3    int main () {
4        int r1= 1,r2 =2,r3 = 3;        // 3 个圆的半径
5        float area1, area2, area3;
6        area1 = circlearea ( r1 );
7        area2 = circlearea ( r2 );
8        area3 = circlearea ( r3 );
9        return 0;
10    }
11    float circlearea (int r) {
12        float s, pi = 3.14;   // 用变量 s 存储圆的面积,确定圆周率是 3.14
13        s = pi * r * r;       // 计算圆的面积
14        return s;
15    }
```

例程 7-2　使用函数计算圆的面积（二）

在例程 7-2 中，在第 2 行先声明一个函数 circlearea。但是，这里没有函数体，也就是说没有实现。此时，在 main 函数里就可以调用 circlearea 计算圆的面积了。在第 11 到第 15 行对 circlearea 进行具体实现。

1．函数的声明

在 C 语言中，如果需要使用的函数没有定义过，可以先声明再定义。函数声明包括函数返回类型、函数名、参数列表 3 个部分，如图 7-1 所示。

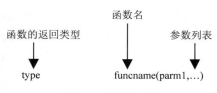

图 7-1　函数的声明

2．函数返回类型

在函数声明时，我们还发现有函数类型说明符，如图 7-1 中的 type，允许函数有返回值。在有些情况下，函数不需要有返回值，此时函数类型符可以写为 void。如果期望通过函数的调用得到一个结果，那么，返回类型就是这个结果的类型。

3．函数名和命名规则

在 C 语言中，变量名、函数名、数组名等统称为标识符。简单来说，标识符就是一个名字。除库函数的函数名由系统定义外，其余都由用户自定义。也就是说，C 语言中的函数名遵从标识符的命名规则。读者应该注意以下两点。首先，函数名最好能够体现函数的功能，这样方便在大量的函数中分辨需要的函数。比如，我们之前计算圆的面积的函数名为 "circlearea"，这个名字可以让人一看就明白是做什么的。其次，自定义的函数名不要和系统函数重名。

4．参数列表

在函数声明的时候，参数列表称为形式参数，简称形参。函数的调用值把一些表达式作为参数传递给函数。函数的调用者提供给函数的参数叫实际参数，简称实参。在函数调用之前，实参的值将被复制到这些形参中。形参变量只有在被调用时才分配内存单元，在调用结束时，即刻释放所分配的内存单元。因此，形参只有在函数内部有效。函数调用结束返回主调函数后则不能再使用该形参变量。实参可以是常量、变量、表达式、函数等。无论实参是何种类型的量，在进行函数调用时，它们都必须具有确定的值，以便把这些值传送给形参。因此应预先用赋值、输入等办法使实参获得确定值。实参和形参在数量上、类型上、顺序上应严格一致，否则会发生 "类型不匹配" 的错误。函数调用中发生的数据传送是单向的，即只能把实参的值传送给形参，而不能把形参的值反向地传送给实参。因此在函数调用过程中，形参的值发生改变，而实参中的值不会变化。

如果函数不需要参数，那么参数列表部分可为 "空"（不写）或显式声明为 void。

5．函数体

函数体指函数的实现部分，位于函数头之后，使用大括号对 "{}" 标识函数的开始与结束。

我们之前提到，函数是实现一个具体功能的独立代码，但是独立有什么好处呢？这里再用一个例子演示将函数独立出来的优势。读者还记得我们每次使用函数 printf 的时候都要包含头文件 "stdio.h" 吗？头文件的使用为我们重复使用 printf 函数带来了方便，这里，我们将面积计算函数收录于一个独立的头文件中，以此来体会函数所带来的便利性。

首先，创建一个新的文件，名字为 "circlearea.h"。在这个文件里，声明一个函数如下：

```
float circlearea ( int );
```

然后，创建另外一个新文件，名字为 "circlearea.c"。该文件里包含函数 circlearea 的具体实现，具体的实现读者可以参考例程 7-2 中的函数内容自行完成。

完成了以上工作，我们看如何像使用 printf 一样，方便地使用函数 circlearea。代码如例程 7-3 所示。

```
1    #include circlearea.h
2    int main() {
3        int r1 = 6;
4        float area;
5        area = circlearea ( r1 );
6    }
```

例程 7-3　通过独立的面积计算工具计算半径是 6 的圆的面积

在例程 7-3 中，第 1 行包含之前创建的头文件 "circlearea.h"。这样，我们就可以在第 5 行使用函数 circlearea 了。读者可以尝试着去掉第 1 行，查看会出现什么错误，加深对头文件的理解。

假设此时有另外一个例程 7-4，在该程序中又需要使用计算圆的面积的功能，这次的半径是 40，我们仍然可以通过包含头文件 "circlearea.h" 使用函数 circlearea。

```
1    #include circlearea.h
2    int main() {
3        int r1 = 40;
4        float area;
5        area = circlearea ( r1 );
6    }
```

例程 7-4　通过独立的面积计算工具计算半径是 40 的圆的面积

结合之前常用的 printf 函数，读者可以通过这两个小例程体会一下头文件的使用。在这两个不同的例程里，第 1 个例程的第 5 行调用 circlearea，并且将值 6 传给函数。计算完之后，函数返回值返回给变量 area；同理，第 2 个例程中，也是这个执行过程。这里请读者注意，我们将函数声明写在头文件里，函数体写在另外一个后缀为 ".c" 的文件中是一个标准写法，利于将函数独立于某程序使用（最大程度地复用），并方便调用时在使用前对函数声明。

例程 7-1 和例程 7-2 中的求面积函数有一个小缺陷，我们假设圆的半径都是整型，函数的返回值类型是浮点型。可是，若半径是浮点型怎么办？若要求面积是双精度（double）怎么办？这个问题有两个解决方法。简单的方法是编写一个最大精度的求面积函数，然后利用 C 语言的变量转换机制解决这个问题，具体如例程 7-5 所示。

```
circlearea.h
1    double circlearea （double）;

circlearea.c
1    double circlearea ( double r) {
2        double s, pi = 3.14;   //用变量 s 存储圆的面积,确定圆周率是 3.14
3        s = pi*r*r;            //计算圆的面积
4        return s;
5    }
```

例程 7-5　能用于各种不同计算精度的面积计算工具

在例程 7-5 中，需要对之前和计算圆的面积相关的两个文件 "circlearea.h" "circlearea.c" 分别作修改。其中，在头文件 "circlearea.h" 中，函数 circlearea 的参数类型和返回值类型都需要改为 double 型。因为圆的半径有可能是 double 型的，圆的面积也可能是 double 型的。在实现文件 "circlearea.c"

中，函数的格式需要作相应修改，使其可以和头文件中的保持一致。特别地，在函数体中保存圆面积的变量 s 的类型也需要修改为 double 型。

完成了以上修改之后，我们再看如何使用新的计算圆面积的工具应对不同的情况。

【例 7-2】计算半径是 6 的圆的面积，要求返回面积值为整型。具体代码如例程 7-6 所示。

```
1    #include "circlearea.h"
2    int main() {
3        int rd = 6;
4        int    area1;
5        area1=(int) circlearea ( rd );
6        printf("圆的面积为:%d\n", area1);
7    }
```

例程 7-6　计算半径为 6 的圆的面积并返回整型

在例程 7-6 中，第 1 行仍然包含头文件。在第 4 行中声明一个整型变量 area1，用户保存返回的面积。第 5 行计算圆的面积。此时，程序到 circlearea 中执行，经过计算之后返回值应该是一个 double 类型。然而在该例程中要求返回的面积为整型，因此，此处有一个类型转换，把返回的 double 类型强制转换为整型，这样就和 area1 的类型保持一致。

假设在另一个例程 7-7 中又需要使用计算圆的面积的功能，这回的半径是浮点型 4.0，面积的数据类型要求是 float。

```
1    #include "circlearea.h"
2    int main() {
3        float rd = 4.0;
4        float    area1;
5        area1 = (float) circlearea (rd);
6        printf("圆的面积为:%d\n", area1);
7    }
```

例程 7-7　计算半径为 4.0 的圆的面积并返回整型

例程 7-7 和之前例程的不同之处在于，参数是浮点型，返回值也是浮点型。但是由于 circlearea 函数中的参数和返回值都是 double 类型，因此，通过强制转换可以得到我们需要的类型。这里请读者记住：（1）要注意看函数手册的函数声明，调用函数要符合声明列表，不符合时可以自己作类型转换；（2）调用完函数作强制类型转换是个好习惯。

7.2 函数的变量及其作用域

函数使用中的变量的作用域是本函数内部，生存期起于函数调用止于函数调用结束，这种在函数内部有效的变量称为局部变量。

作用域是指变量的有效范围。一个标识符在一个用"{}"限定的范围中声明，那么这个标识符仅在当前和更小的范围中可见，在该范围外部不可见，作用域外同名的标识符不受影响，据此可知，两个同名的变量在不同的函数中是互不干扰的。

局部变量还包括在复合语句中定义的变量，例如：

```
for(int i-0 ;i < 10; i++)
sum += 1;
```

这里的变量 i 只在 for 语句的范围内有效。

对于变量作用域 C 语言有个规则：作用域小的优先。读者请回忆一下 circlearea 函数，我们在函数体内声明了两个变量，一个为 s 表示圆的面积，一个是 pi 表示常量。这两个变量的作用域就是函数体内部，是局部变量。

7.3 | 在函数间传递数据

前面我们学习了通过局部变量可以向一个函数里传递数据。除了这种方法，还有其他的方法，可以在函数之间传递数据。本节我们主要学习如何利用全局变量传递数据和如何使用数组传递大规模数据。

7.3.1　利用全局变量传递数据

在 C 语言中，既然有局部变量就有全局变量。全局变量也称为外部变量，它是在函数外部定义的变量。它不属于哪一个函数，而是属于一个源程序文件。其作用域是整个源程序。也就是说，我们可以在一个源文件的任意函数中使用全局变量。在函数中使用全局变量，一般应作全局变量说明。

【例 7-3】输入三角形的 3 条边的长，求三角形的周长与面积。

分析：读者应该都知道，任意给出表示边长的数字不一定能够成为一个三角形。组成一个三角形有一个条件，任意两边的长度和大于第 3 条边。所以，应该有一个函数来判断这 3 条边是否可以组成一个合法的三角形。为了计算三角形的周长，只要把三角形的 3 条边的长度相加就可以了，同时，我们也有计算三角形面积的公式。所以，编写 3 个函数分别求是否能够组成有效的三角形、三角形的周长、三角形的面积。在这 3 个函数中，都需要知道三角形的边长。因此，这里可以定义 3 个全局变量分别表示三角形的 3 条边的长度。这 3 个变量在整个程序中就用于保存用户输入的 3 个长度值。具体的实现代码如例程 7-8 所示。

```
1     #include "stdio.h"
2     #include "math.h"
3     int a, b, c;        //声明 3 个全局变量,表示三角形的 3 个边长
4     int iscorrect ();        //函数声明
5     int slenth ();        //函数声明
6     float area ();        //函数声明
7     int main () {
8         int tsl = 0;
9         float tarea = 0;
10        printf("请输入三角形的三边\n");
11        scanf("%d%d%d", &a, &b, &c);
12        if   ( !iscorrect() ) exit(0);        //若不能组成有效的三角形则退出程序
13        tsl = slenth ();
```

例程 7-8　计算三角形的周长和面积

```
14          tarea =area ();
15          printf("三角形边长是%d,面积是%5.2f", tsl, tarea);
16      }
17  /*函数 iscorrect 的定义*/
18  int iscorrect () {
19      if ( a+b <= c || c+b <=a || a+c <= b) return 0;
20      return 1;
21  }
22  /*函数 slenth 的定义*/
23  int slenth () {
24      return a + b + c ;
25  }
26  /*函数 area 的定义*/
27  float area () {
28  return (sqrt( pow((pow(a,2) + pow(b,2) + pow(c,2)),2) - 2*(pow(a,4) + pow(b,4) + pow(c,4))))/4;
29  }
```

例程 7-8   计算三角形的周长和面积（续）

在例程 7-8 中，第 3 行定义了 3 个全局变量 a、b、c，主要为了在全局位置定义 3 条边的边长，所以在本程序的所有函数中这 3 个变量都是"可见的"，这样，我们在自己定义的函数中使用三角形的边长时就不需要作参数传递。第 4 行到第 6 行声明了 3 个函数 iscorrect、slenth、area。其中，iscorrect 用于判断是否是一个合法的三角形，slenth 计算三角形的周长，area 计算三角形的面积。第 7 行到第 16 行是整个程序的主函数，在主函数里，由用户输入三角形的 3 个边长，并且保存到 3 个全局变量中（第 11 行）。第 12 行判断输入的 3 个边长是否能够组成一个合法的三角形，如果不能就没有必要计算周长和面积，直接退出程序；否则，在第 13 行调用函数 slenth 计算三角形的周长，在第 14 行调用函数 area 计算三角形的面积，在第 15 行打印计算的周长和面积。第 17 行到第 21 行是函数 iscorrect 的实现，根据三角形的两边和是否大于第三边判断是否是一个合法的三角形。这里需要注意的是，在 C 语言中没有表示真、假的布尔类型变量，这里只能通过 0 和非 0 来表示。第 22 行到第 25 行是函数 slenth 的实现，返回 3 条边的和。第 26 行到第 29 行是函数 area 的实现，通过公式计算三角形的面积。读者应体会这个程序的结构，包括全局变量定义的位置、函数声明的位置、函数调用以及函数的实现。

但是，这个程序的调用顺序有些不合理，比如，在计算三角形周长的函数 slenth 中，最好在计算之前添加一个判断是否是合法三角形的检查。因为这个函数有可能会供其他函数使用。到下一节我们将升级这个程序。

全局变量有它的优势，但是也给编程带来一些问题，比如，结构性不好，用术语描述就是程序结构的耦合太紧密，不方便复用，规模大了易出错，不好懂。

7.3.2 利用数组传递大规模数据

在之前计算圆的面积的实例中，函数 circlearea 的参数是圆的半径，即只需要一个参数。尽管 C 语言对函数的参数个数没有限制，但是，如果我们需要传入一个班级的成绩呢？是不是有多少个人就要有多少参数呢？答案当然是否定的。读者是否想到我们在处理大量数据时所使用的一个有效工具：数组？那么这里能不能使用数组作为参数呢？当然可以了。本节我们将学习如何通过数组向函数传递大规模数据。

1. 数组作参数

数组元素可以被当作一种变量，它与普通变量并无区别，因此它作为函数实参使用与普通变量是完全相同的。在发生函数调用时，把作为实参的数组元素的值传送给形参，实现单向的值传送。数组作参数显然不能传递大规模数据，而利用数组名作参数则可以将整个数组的数据都传递给被调函数，请看例 7-4，注意在函数形参表中，允许不给出形参数组的长度，或用一个变量来表示数组元素的个数。

【例 7-4】写一个通用的求一维数组最大元素下标的函数。

分析：本例需要求一维数组的最大元素，那么，参数肯定是一个数组。另外，这个函数不知道这个数组的个数有几个，所以提供另外一个参数，让函数的使用者输入数组的个数。具体代码如例程 7-9 所示。

```
1    #include "stdio.h"
2    int findmax ( int tararr[], int size ) {//参数 tararr 是目标数组,参数 size 是目标数组的元素个数
3        int i = 0, max = 0, index = 0;
4        if ( size == 0 ) {
5            return -1;
6        }
7        max = tararr[0];
8        for ( i = 0; i < size; i++) {
9            if ( tararr[i] > max ){
10               index = i;
11           }
12       }
13       return index;
14   }
15   int main() {
16       int test={ 3, 5, 7, 4, 9, 2 };
17       printf("最大元素的下标:%d\n", findmax( test, 6));
18   }
```

例程 7-9　查找数组中的最大元素

在例程 7-9 中，第 2 行到第 14 行定义了一个函数 findmax。这个函数有两个参数，第 1 个是数组，类型为整型，读者可以看到数组元素作参数与变量作参数没有区别；第 2 个表示数组元素个数，返回值为整型，表示数组中元素值最大的下标。注意，这里不是先声明后定义，如果直接在使用（第 17 行的调用）之前定义了函数，就没有必要声明了。第 4 行作了一个判断，如果数组的个数为 0 的话，那么就直接返回-1。这个 if 语句的意思是，如果传入的数组中没有元素，那么也就不存在最大值的元素下标，用-1 提示错误（之所以使用-1，是因为数组元素的下标正常情况下不可能为负数，当然也可以使用-2 等，只要代码的编写者自己清楚）。第 8 行到第 12 行使用 for 循环遍历数组，将具有最大值的元素下标保存在变量 index 中。第 16 行和第 17 行调用了函数 findmax，输出最大元素的下标。

用数组名作函数参数时，则要求形参和相对应的实参都必须是类型相同的数组，都必须有明确的数组说明。当形参和实参二者不一致时，即会发生错误。

随堂练习

请完成一个整型一维数组工具（函数）包，包括求最大元素、最小元素、所有元素的和。所谓工具包是指它具有通用性，可以运用于其他程序。

2．数组名作参数的原理

在用数组名作函数参数时，不是进行值的传送，即不是把实参数组的每一个元素的值都赋予形参数组的各个元素。因为实际上形参数组并不存在，编译系统不为形参数组分配内存。那么，数据的传送是如何实现的呢？我们曾介绍过，数组名就是数组的首地址。因此在数组名作函数参数时所进行的传送只是数组首地址的传送，也就是说主调函数将数组的首地址赋予被调函数的参数。形参取得该首地址之后，也就等于有了实参的数组。实际上主调函数与被调函数处理的是同一数组，共同拥有一段内存空间，所以在被调函数中修改了数组，那么这个修改会在主调函数中体现，当然这种情况不能理解为发生了"双向"的值传递。

【例 7-5】编写一个通用的给整型一维数组排序的工具。

分析：同样是对数组操作，所以例程 7-10 的结构和例程 7-9 类似，只是函数名必须重起一个，这里我们称之为 sort。函数体中的实现读者应该不再陌生。因为本节之前专门有一节关于数组算法的介绍，随便参考一个算法就可以了。这里使用最常用的冒泡排序。

```
1    #include "stdio.h"
2    int sort (int tararr[], int size ) { //参数 tararr 是目标数组,参数 size 是目标数组的元素个数
3         int t, i = 0, j = 0;
4         for(j = 0; j <9; j++ ) { /*外循环控制排序轮数,n 个数排 n-1 轮*/
5             for(i = 0; i < 9-j; i++ ) { /*内循环每轮比较的次数,第 j 轮比较 n-j 次*/
6                 if(tararr [i] > tararr [i+1])   {/*相邻元素比较,逆序则交换*/
7                     t = tararr [i];
8                     tararr [i] = tararr [i+1];
9                     tararr [i+1] = t;
10                }
11            } /*内层循环结束*/
12        } /*外层循环结束*/
13   }
14   int main() {
15        int test = { 3, 5, 7, 4, 9, 2 };
16        int I = 0;
17        sort (test, 6);
18        for ( i = 0; i < 6; i++) {
19            printf("%d\n", test[i]);
20        }
21   }
```

例程 7-10　整型一维数组排序

在例程 7-10 中，第 2 行到第 13 行定义了一个函数 sort，对整型数组进行排序。第 4 行到第 12 行使用冒泡排序，对数组进行排序，这里我们就不详细讲解了。在主函数中，第 15 行定义了一个测试数组。第 17 行调用 sort 函数进行排序。第 18 行到第 20 行使用一个 for 循环打印数组中的元素。

数组名是一个长整型常量，它标记了数组在内存中占用空间的开始位置，而且数组一旦被分配了空间就不会改变。

数组名作了实参，形参得到了同样的数组首地址。由于内存的唯一性（首先在同一个程序中，内存是唯一的，内存的单元索引也是唯一的），同一数字所标识的内存就是同一段内存，而形参和实参只是数组的开始位置，从来都没有改变，只是间接地改变了内存空间的内容。

7.4 特殊的函数调用方法

在 C 语言中，函数是最基本的功能模块。一般来说，一个函数对应一个独立的功能，一个应用程序往往是由这些函数组成的。为了实现一个大的功能，组织这些函数的过程就是函数调用的过程。本节我们介绍两种较为常用的调用方法：嵌套调用和递归调用。

7.4.1 嵌套调用

通过之前的学习我们知道，一个程序只有一个主函数。因此，所有的函数调用都是从主函数开始的。系统首先调用 main 函数，通过函数的嵌套调用，再调用其他函数。嵌套调用的意思就是从 A 函数中调用 B 函数。

【例 7-6】输入三角形的 3 条边的长度，求三角形面积。

分析：编写两个函数，函数 check (a, b, c) 用来检查是否任意两边之和大于第三边，函数 trg_area (a, b, c) 用来求面积。其中 trg_area 先调用 check，用于检查三角形是否合法。函数 slenth 求三角形的周长，同理也需要调用 check 检查三角形是否合法。这样就组成了一个嵌套调用的结构，从 main → trg_area→check 和 main→slenth→check。具体代码如例程 7-11 所示。本例使用海伦公式，利用 3 条边的长度求三角形的面积。

```
1    #include "stdio.h"
2    #include "math.h"
3    int check (int a, int b, int c);
4    int slenth (int a, int b, int c);
5    float area (int a, int b, int c);
6    int main() {
7        int a,b,c;
8        int tsl = 0;
9        float tarea = 0;
10       printf("请输入三角形的 3 条边\n");
11       scanf("%d%d%d", &a, &b, &c);
12       tsl = slenth (a, b, c);
13       tarea = area (a, b, c);
14       printf("三角形边长是%d,面积是%5.2f", tsl, tarea);
15   }
16   /*函数 iscorrect 的定义*/
17   int iscorrect (int a, int b, int c) {
18       if ( a+b <= c || c+b <= a || a+c <= b)    return 0;
19       return -1;
20   }
21   /*函数 slenth 的定义*/
22   int slenth ( int a, int b, int c) {
```

例程 7-11　升级计算三角形的周长和面积的程序

23	if (!iscorrect(a,b,c)) return -1;//若不能组成有效的三角形则返回不可能的周长值-1
24	return a+b+c ;
25	}
26	/*函数 area 的定义*/
27	float area (int a, int b, int c) {
28	float k;
29	if (! iscorrect(a,b,c)) return -1;//若不能组成有效的三角形则返回不可能的面积值-1
30	k=(a+b+c)/20;
31	return sqrt (k*(k-a)*(k-b)*(k-c));
32	}

例程 7-11　升级计算三角形的周长和面积的程序（续）

读者对例程 7-11 中的大部分应该很熟悉了，因为关于求三角形的周长、面积在之前的两个例程中已经详细讲解过。这里重点说明该例程和之前例程的不同之处。其实，具体的实现功能，比如周长的计算、面积的计算都没有发生变化。这里变化的是函数的调用顺序。程序的第 23 行和第 29 行分别调用了函数 iscorrect 来检查三角形是否是一个合法的三角形。这种调用结构显得更加自然和明了。当然，这里还有一个更重要的原因是一个完整、正确的函数应该能够处理各种异常情况。在函数 slenth 中，我们还看不出 iscorrect 的重要性，因为即使不是一个合法的三角形，如果没有检查，也能返回一个整数值。但是在计算面积的函数 area 中，如果不进行三角形的合法性检查，那么计算公式就会出错。当我们把这些函数提供给其他开发人员使用的时候，就会发生错误。因此，一个好的函数，应该能够处理尽可能多的情况。

7.4.2　递归调用

函数递归调用的含义是函数直接或间接地调用函数本身，这个定义并不难理解，这种函数称为递归函数。C 语言允许函数的递归调用。在递归调用中，递归函数将反复调用其自身。每调用一次就进入新的一层。函数结束后，每层调用后逆序返回。理解递归的执行流程并不难，使大家困惑的是为什么要用递归，因为所有的递归问题都可以转换成非递归问题解决，而递归一层层地嵌套似乎很不好处理。其实递归是一种高效的解决问题的方法，这么说的潜台词是递归的程序执行效率并不高，但是解决问题的关键思路确实比较简洁，其核心是把大规模的问题简化成小规模的问题解决。一个项目能否利用递归解决只要考虑以下 3 个问题。

（1）这个问题能转换成更小规模的问题解决吗？

（2）原问题和小规模问题的解决方式一样吗？

（3）解决的过程有穷尽吗？

如果以上 3 个问题的回答都为 "True"，那么这个项目就可以使用递归方式解决。

【例 7-7】利用递归计算字符串中目标字符串的出现次数和位置。例如：对字符串 "kacbbc123bcbbccb"，求目标字符串 "bc" 的出现次数。

分析：看看是否能用递归，只要上面 3 个问题的答案都是 "True"（见表 7-1），那么就可以利用递归解决问题。

表 7-1　　　　　　　　　　　　　　　是否能用递归方法的分析判断

问　题	详细的方案
这个问题能转换成更小规模的问题解决吗	True，目标串的个数等于已经搜索过的字符串中的目标串个数加未搜索的子串中可能包含的目标串个数
原问题和小规模问题的解决方式一样吗	True，若将字符串分解成为两部分，使第 1 个部分与被查找的目标串等长，余下的称为子串，则目标串一共出现的次数就是：若第 1 个部分与目标串相等则是 1+搜索子串找到的次数，而搜索子串的方法是相同的
解决的过程有穷尽吗	True，当子串的长度小于目标串长度则搜索终止

程序清单如下：

```c
//
// recursion.c
//

#include <stdio.h>
#include <string.h>

int search_str(char [],char [],int);    //函数声明，参数是两个 char 型数组，一个 int

int main(){

    char ori_str[80];
    char tar_str[80];


    long count=0;
    unsigned long tarlen;
    gets(ori_str);
    gets(tar_str);
    tarlen= strlen(tar_str);

    count=search_str(ori_str,tar_str,tarlen);    //调用 search_str,参数是待搜索串、搜索目标和目标长度


    printf("一共含有%d 个目标串",count);

}

int search_str(char ori[],char tar[],long tl){

    int i;
    if(strlen(ori)<tl) return 0;

    i=0;
    while (i<tl && ori[i]==tar[i])
        i++;
```

```
    if (i==tl)
        return 1+search_str(ori+tl,tar,tl);    //找到了，则下次搜索的子串是原串减去目标串长度，同时"加 1"
     else                                      //表示找到下一个目标
        return search_str(ori+1,tar,tl);       //没找到，则下一次搜索的子串应该是原字符串
                                               //减去头一个字符的剩余部分

}
```

7.5 | 本章小结

在 C 语言编程中，使用函数可以写出非常漂亮的程序结构，使程序更加简单，更容易阅读，也可以帮助我们按功能划分模块。

本章主要内容包括函数的定义和应用。在此基础上，学习了函数参数的传递以及变量的作用域。关键问题是实参对形参的"单向值传递"。函数调用时，在被调用函数内部对形参作的改变，不会影响主调函数中的实参。如果一个表达式中有函数，则函数返回值参与表达式运算。关于如何在函数间传递数据，我们学习了两种方法，第 1 种是使用全局变量，第 2 种是使用数组。全局变量的方法相对比较简单，一个文件中的所有函数都可以访问这个全局变量，但是这也造成了数据访问的混乱。利用数组名通过函数参数的方法进行数据传递是相对比较好的一种方法。

另外，本章学习了函数的两种特殊的调用方法，即嵌套调用和递归调用。结合本章给出的例程，希望读者将本章知识掌握好。

7.6 | 练习

习题 1：编程实现求一元二次方程的解，要求用函数求判别式的值。

习题 2：编写一个函数，返回 3 个数的最大值。

习题 3：利用函数完成给一个整型数组逆序。

习题 4：任意输入两个整数，利用函数求这两个数的相同因子。

习题 5：利用递归函数完成以下功能：输入字符串，如"abcde"，将输入的字符串中的字符逆序输出，如"e d c b a"。

习题 6：项目实战：用函数编写一个程序，完成第 6 章练习的习题 5～习题 7。

第8章 利用指针提高编程效率

在计算机中，所有的数据都存放于存储器中。一般把存储器中的一字节称为一个内存单元，不同的数据类型所占用的内存单元数不等，如整型数据占 2 个单元，字符数据占 1 个单元等，在前面已有详细的介绍。为了正确地访问这些内存单元，必须为每个内存单元编号。根据一个内存单元的编号即可准确地找到该内存单元。内存单元的编号也叫作地址。根据内存单元的编号或地址就可以找到所需的内存单元，所以通常也把这个地址称为指针。对于变量名称、变量值与变量地址，可以用一个通俗的例子来说明它们之间的关系。例如：张三家的信箱，"张三家的信箱"是变量名，信箱号码"809"是变量地址，而信箱中的信件是变量值。对于一个变量来说，变量的地址称为指针，其中存放的数据才是该变量的值。在 C 语言中，允许用一个变量来存放指针，这种变量称为指针变量。因此，一个指针变量的值就是某个内存单元的地址或称为某内存单元的指针。

8.1 内存模型和变量存储类型

内存模型是 C 语言数据抽象的基础，是 C 语言最底层的语言设施。在之前的学习中，我们定义了一个变量，比如 "int a;"，在前面的章节中我们说会在内存空间分配一个内存单元给这个变量。那么，内存空间是什么样的呢？读者请看表 8-1，整个表格是内存空间。最上面是最低内存地址，最下面是最高内存地址，且地址是唯一的、线性递增的。整个内存空间可以分为以下几部分：代码区、数据区、堆区、栈区和命令行参数区。

表 8-1　　　　　　　　　　　　　　C 语言的内存模型

代码区（code area）
数据区（data area） 文字常量区 未初始化静态变量区 已初始化静态变量区
堆区（heap area）
栈区（stack area）
命令行参数区

这几部分分别说明如下。

（1）程序代码区：存放函数体的二进制代码。

（2）全局数据区：全局数据区划分为 3 个区域。初始化的全局变量和静态变量在一个区域，未初始化的全局变量和未初始化的静态变量在相邻的另一个区域，常量数据存放在另一个区域里。这些数据在程序结束后由系统释放。

（3）栈区：由编译器自动分配释放，存放函数的参数值、局部变量的值等。只要栈的剩余空间大于所申请空间，系统就将为程序提供内存，否则将报异常，提示栈溢出错误。栈是一种具有后进先出性质的数据结构，具有"先进后出"的特点。这就如同我们要取出放在箱子里面底下的东西（放入得比较早的物体），我们首先要移开压在它上面的物体（放入得比较晚的物体）。

（4）堆区：一般由程序员分配释放，若程序员不释放，程序结束时可能由操作系统回收。堆上的数据只要程序员不释放空间，就一直可以访问到，其缺点是一旦忘记释放会造成内存泄漏。

（5）命令行参数区：存放命令行参数和环境变量的值。

这样我们就很清楚了，之前像"int a;"的定义，说明变量 a 存储在了栈区，这个位置的变量在使用完之后系统负责释放回收内存。读者请看例程 8-1。

```
1    #include <stdio.h>
2    float area;
3    int main () {
4        char *str = "Hello world! ";
5        int a;
6        static int b = 3;
7    }
```

例程 8-1　内存空间的例子

在例程 8-1 中，第 2 行定义了一个全局变量 area，它应该存放在数据区中未初始化的静态变量区。第 4 行有一个字符串常量"Hello world!"应该存放在数据区的文字常量区。第 5 行的局部整型变量 a 应该存放在栈区。第 6 行定义了一个静态整型变量 b，并赋初值为 3，应该存放在数据区中已初始化的静态变量区。其中，静态变量也是 C 语言中用得最多的变量之一，下面我们重点看什么是静态变量。

我们先复习一下两个基本概念，即变量的作用域（scope）和变量的生存期（lifetime）。

C 语言的作用域规则是一组确定一部分代码是否"可见"或可访问另一部分代码和数据的规则。作用域按照范围可分为两种，即局部变量和全局变量。在函数内部定义的变量称为局部变量。与局部变量不同，全局变量贯穿整个程序，并且可被任何一个模块使用。它们在整个程序执行期间保持有效。全局变量定义在所有函数之外，可由函数内的任何表达式访问。局部变量之前已经介绍过了，比如，在一个函数中定义了一个变量，它的作用域就是这个函数体内。

生存期是指可以存取变量存在的时间范围。C 语言存在 3 种类型的生存期，第 1 种是函数参数和自动变量的生存期，它从函数调用时开始，到函数返回时为止，就像一个函数中的变量，在一个函数调用完之后，变量的生存期结束。第 2 种是 extern 和 static 变量的生存期，从 main 函数被调用之前开始，到程序退出时为止。第 3 种是动态分配的数据的生存期，从程序调用 malloc 或 calloc 为数据分配存储空间时开始，到程序调用 free 或程序退出时为止，这些会在随后的章节中学习。

我们再看静态变量的定义。静态局部变量在函数内定义，生存期为整个源程序，但作用域与自动变量相同，只能在定义该变量的函数内使用。退出该函数后，尽管该变量还继续存在，但不能使用它。对基本类型的静态局部变量若在说明时未赋予初值，则系统自动赋予 0 值。而对自动变量不赋初值，则其值是不定的。这里，我们举一个经典的例子来说明静态变量的作用。

声明函数的一个局部变量，并设为 static 类型，作为一个计数器，这样函数每次被调用的时候就可以进行计数。这是统计函数被调用次数的最好方法，因为这个变量是和函数息息相关的，而函数可能在多个不同的地方被调用，所以从调用者的角度来统计比较困难。请读者看例程 8-2 所示代码。

```
1    #include < stdio.h >
2    void increase () {
3        static int number = 0 ;
4        number = number + 1;
5        printf ("The value of number is : ", number );
6    }
7    int main () {
8        increase ();
9        increase ();
10   }
```

例程 8-2　静态变量的例子

在例程 8-2 中，一个函数在主函数里两次调用。请读者先来分析一下，这两个函数应该输出什么结果呢？我想大多数读者都会得到这样的答案：

```
The value of number is : 1
The value of number is : 1
```

为什么呢？因为 number 是一个在函数 increase 中的变量，它的作用域是整个函数。所以，每次调用函数时，number 的值都是 1。此时，变量 number 的作用域是整个 increase 函数。但是不要忽略了一个重要的问题，就是它的生存期是整个应用程序。也就是说，正确的情形应该是这样子的：在主函数中，第 8 行调用 increase 函数，之后执行到第 3 行，会在系统内存空间中的数据区（注意，这里不是栈区）申请一个内存空间（大小是一个整型的大小）给变量 number。随后，这个变量中的值加 1，此时打印出来的应该是 1。当函数退出时，静态变量 number 并没有被系统回收。于是，在第 9 行再次调用这个函数的时候，进入函数 number 再次执行加 1 操作，此时 number 中的值是 2。这就是静态变量和普通的自动变量的区别。因此，正确的输出结果应该是：

```
The value of number is : 1
The value of number is : 2
```

全局变量和静态变量都存储于表 8-1 中的"数据区"，全局变量的作用域是整个程序，即在多个源程序文件中都"可见"，而静态全局变量只在变量定义所在的源文件"可见"。

堆和栈是动态的存储空间，函数调用和"普通"变量（自动变量）使用栈空间，但无论如何，内存空间的关键就是其地址，所以利用指针可以收集和使用堆区的内存，这是本书后续章节重点介绍的内容。

8.2 指针的本质

通过之前的学习可以知道，对于一个拥有"线性内存"的系统来说，变量在内存中占据"唯一"

的地址，即不可能存在两个变量同时占有一段内存的情况。另外，不同类型的变量还会占据不同长度的内存空间。

在 C 语言中，使用一种特殊的变量来存放地址，这种存放地址的变量称为"指针变量"，被指针变量存放的变量的地址称为"指针"。

下面看一个用指针访问变量的实例：使用指针变量输入和输出一个整型变量，如例程 8-3 所示。

```
1    #inclde <"stdio.h">
2    int main () {
3        int a;        //定义一个整型变量
4        int *pa;       //定义一个存放整型变量地址的指针变量
5        pa = &a;
6        scanf("%d", pa);
7        printf("%d", *pa);
8    }
```

例程 8-3   指针变量的使用

在例程 8-3 中，第 3 行定义了一个整型变量 a，第 4 行定义了一个整型指针变量 pa。变量 pa 里面存放一个整型的地址。因此，在第 5 行等号的右侧，通过取地址符号"&"获得变量 a 的地址，然后将 a 的地址存入 pa。此时 pa 的值是变量 a 的地址。读者应该很清楚，在之前我们如果需要使用 scanf 将一个值读入一个变量中，通常的形式应该是这样的："scanf("%d", &a);"。但是在这个例子中，使用了与&a（变量 a 的地址）具有相同功能的指针变量 pa 完成这个操作，如例程 8-3 中的第 6 行所示。那么，如何来访问指针 pa 中的值呢？像之前的变量访问一样，直接用 pa 吗？当然不是，pa 是一个地址，而这个地址里面的内容才是我们想要的，这个内容的访问方法是"*pa"，即在指针变量 pa 前面加一个指针运算符"*"。在本例程的第 7 行，通过一个 printf 函数将用户保存的整型变量中的值打印出来。如果写 "printf("%d", a);"呢？读者可以思考一下，然后进行一下尝试和分析。

总体来说，如果有"int a, *pa;"这种定义（两个变量，即整型变量 a，指针变量 pa，pa 指向的内存空间存放一个整型数），当执行了"pa = &a;"之后，pa 就是 a 的地址，若该指针没有进行其他复制，则*pa 就是变量 a 的值，也就是说*pa 和 a 具有相同的功能。

8.3 指针与变量

可能上一节的内容使读者感到困惑，经过类似"pa=&a;"的赋值后，原本使用&a 的地方都可以使用 pa，使用 a 的地方都可以使用*pa。但是它有什么实际意义吗？是的，原来要使用变量的值直接使用 a 就可以了。这种使用变量名访问变量的方法称为直接访问。而使用地址式指针和指针运算符访问的方法称为间接访问。间接访问虽然有些麻烦，但具有强大的功能。因为内存是"线性唯一"的，间接访问可以方便地对内存空间进行操作。这些便利的操作方式，我们在随后的章节会一一说明。

我们先看当指针用作函数的参数时，会给我们带来怎样的便利。这里要求设计一个可以交换两个变量值的函数。我们先看最常见的两个变量交换的方法，代码如例程 8-4 所示。

```
1      #include <stdio.h>
2      void swap (int x, int y)    {   // 函数输入两个参数 x 和 y
3          int t;   // 临时变量用于存放待交换数据
4          t = x;
5          x = y;
6          y = t;
7          printf("x = %d, y = %d\n", x, y);
8      }
9      int main() {
10         int a, b;
11         scanf("%d%d", &a, &b);
12         swap (a, b);
13         printf("a = %d, b = %d", a, b);
14     }
```

例程 8-4　交换变量的函数

例程 8-4 是一个很经典的例子，其中包含了很多内容。我们先看输出结果，程序运行之后，输入 "5" 和 "8"，则输出为：

```
x = 8, y = 5
a = 5, b = 8
```

很显然，例程 8-4 没有满足我们的需求。我们想交换两个变量的值，结果变量 a 和 b 的值并没有交换。所以，对于需求来说，这段程序是错误的。程序出现了问题，就要去找原因。这里我们顺便了解一下程序调试和错误定位的方法。很明显程序的第 11 行分别输入两个值到变量 a 和 b 中，然后，通过第 13 行打印出来。这我们都很熟悉了，应该不会有什么问题。那么，关键就是 swap 函数了。在第 12 行开始调用函数。将变量 a 和 b 的值分别传递给函数的形参 x 和 y，然后，程序会运行到 swap 函数体中。从第 3 行到第 6 行是一个常用的交换两个变量值的语句，而且在第 7 行，通过 printf 语句打印出来的结果是正确的。一起来看都是没有什么错误的。但是，为什么还是得不到正确的结果呢？读者可以想一想，如果不使用函数，直接把第 3 行到第 6 行放到 main 函数里，是不是就没有这种问题了？答案当然是肯定的。因此，我们可以认为，之所以出现问题是函数的使用方法不对。同时，函数体内是正确的，那么我们有理由相信，在函数的调用上出现了问题。下面仔细分析一下函数的调用过程。在定义一个函数的时候，比如本例程中的 "void swap（int x, int y）"，系统为形参分配了内存空间。也就是说，形参 x 和 y 应该有它们独立的地址。调用函数 swap 的时候，变量 a 和 b 的值分别传递给形参 x 和 y，也就是 "x = a;" 和 "y = b;"。这个过程中，变量 a 和 b 中的值都没有发生改变。这样看来第 13 行打印的没有错误。因此，我们在调试程序的时候，永远不要去怀疑编译器，错误大部分都发生在自己身上。

简而言之，在 C 语言中，由于 "形参不能改变实参的值" 这一特性，在函数 swap 中，将两个变量的值交换这一操作并没有对主函数产生影响，即在 swap 函数中，变量 x 和 y 的值被交换了，但是 main 函数中的变量 a 和 b 的值并没有交换。有没有什么方法可以解决这个问题呢？

利用指针的间接访问功能，就可以做到两个整型变量值的真正交换了。例程 8-5 为其实现代码示例。

```
1    #include <stdio.h>
2    void swap (int *px, int *py) {    //注意函数两个形参 px 和 py 的定义
3        int tmp;    // 临时变量用于存放待交换数据
4        tmp = *px;
5        *px = *py;
6        *py = tmp;
7        printf("x = %d, y = %d\n", *px, *py);
8    }
9    int main() {
10       int a, b, *pa, *pb;
11       pa = &a;
12       pb = &b;
13       scanf ("%d%d" , pa, pb);
14       printf ("a= %d, b = %d", a, b);
15       swap (pa, pb);              //此处将变量 a 和 b 的地址传给 swap
16       printf("a= %d, b= %d", a, b);
17    }
```

例程 8-5   利用指针交换变量的函数

我们先看程序的运行结果，如果输入数字"5"和"8"，则输出的结果是：

```
a = 5, b = 8
x = 8, y = 5
a = 8, b = 5
```

从结果看，这完全符合我们预期的要求，通过一个函数实现了两个整型变量值的交换。现在，读者最关心的问题或许就是例程 8-5 到底和之前的例程 8-4 有什么区别。我们将从这些区别中逐渐了解指针。

为了更加形象地说明指针的作用，我们看一下图 8-1 所示 main 函数中变量在内存空间的状态示意图。

通过之前的学习我们知道，变量占有内存空间。图 8-1 中，程序从 main 函数开始运行，第 10 行声明了 4 个变量 a、b、pa、pb，其中前两个是整型变量，后两个是指针变量。声明完之后，系统给这些变量分配内存空间。既然是一个空间，就如一个教室需要有地址一样，这块空间也有内存地址。为了分析方便，假设变量 a 的地址是 2000，变量 b 的地址是 2002，变量 pa 的地址是 3000，变量 pb 的地址是 3002。之所以给出这些地址，就是为了之后可以方便地通过地址找到这些变量。由于每台计算机的内存使用是不一样的，所以，这些变量在每一台计算机中的地址也是不同的。读者可以想想如何得到这些变量在你的计算机中的真实地址。在例程 8-5 中，第 11 行和第 12 行通过两个取地址操作，将变量 a、b 的地址分别放到变量 pa 和 pb 中。在本例程中，如图 8-2 所示，中间是内存空间，左边是变量名字，右边是对应的地址。通过该图，读者可以明显地发现，变量 a 中存放的值为 5，变量 b 中存放的值为 8，变量 pa 中存放的是变量 a 的地址，变量 pb 中存放的是变量 b 的地址。当然，作为变量，pa 和 pb 也有自己的地址。这是为说明问题所设的理想内存模型，请读者认真体会。

在第 15 行调用 swap 函数，由于函数的两个参数都是指针变量，所以 main 函数将变量 a、b 的地址 pa 和 pb 传递给形参 px 和 py。函数 swap 的内存空间如图 8-2 中的右侧所示。此时，px 和 py 中的值分别为 2000 和 2002。也就是说通过参数传递，将变量 a 和变量 b 的地址分别传递给了 px 和 py。

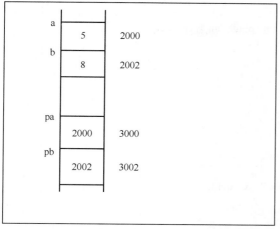

图 8-1　main 函数变量在内存空间的状态示意图

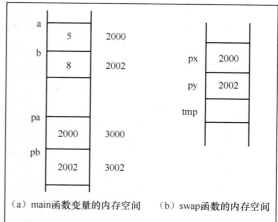

（a）main函数变量的内存空间　　（b）swap函数的内存空间

图 8-2　例程 8-5 的内存空间

通过图 8-2 我们也可以看出，在主函数中，有两个指针 pa 和 pb 分别存放了变量 a、b 的地址。在 swap 函数中，也有两个指针 px 和 py，通过函数的参数传递方式获得了变量 a、b 的地址。这里的重点是，swap 函数获得了 main 函数中变量 a 和 b 的地址。这样，再对这两个变量进行交换，就是对真正的变量 a、b 进行操作了。第 3 行到第 6 行和前面的整型变量的交换类似，就是通过一个临时变量 tmp，交换地址空间 px 和 py 中的值。这里唯一需要注意的一点就是指针的使用，即通过操作符 "*" 读取指针变量中的值。

通过上面的过程描述我们得知，在函数 swap 中通过间接访问（指针形式）交换了主函数中的两个变量的值。读者有可能觉得前面的描述有点抽象。下面我们用实例来描述一下。在 swap 函数开始时，main 函数进行了参数传递，那么 px 的值是 2000，py 的值是 2002，即 px 和 py 分别存放了变量 a、b 的地址。随后，swap 函数的第 3 行到第 6 行做了如下工作。

```
tmp = *(2000); //这里的意思是把地址 2000 中的变量的值赋值给变量 tmp
*(2000) = *(2002); //这里的意思是把地址 2002 中的值赋值到地址 2000 中
*(2002) = tmp; //这里的意思是将 tmp 中的值赋值给地址 2002
```

当 swap 函数结束时，系统释放了 swap 中占用的内存空间，px 和 py 所占用的内存空间被释放。但是，变量 a 和 b 的值却真正交换了，效果体现在 main 函数中。第 16 行的结果应该是："a=8，b=5"。

通常来讲，指针很少应用到如例程 8-3 的情况中，那样完全是多此一举。指针的一个重要用途就是在函数间 "传递数据"（引号的含义：不是真的传递，而是指出需要修改的数据在哪里）。

前面讲解函数的时候说过函数允许有返回值，但是一般返回值只有一个值，当碰到需要返回多个值的情况的时候就不行了。这时，使用指针作为形参，可以方便地将函数中的返回值带回调用函数。我们看下面一个例子。

【例 8-1】利用一个函数，求一个长方体的边长、表面积和体积，并在主函数中进行打印。

分析：要求使用一个函数来实现，但函数只有一个返回值，那么，这个函数应该如何同时带回边长、表面积和体积呢？指针可以帮助我们解决这种难题。请看一下例程 8-6 所示代码。

```
1    #include <stdio.h>
2    void calculator (int l, int w, int h, int *plen, int *pbulk, int *parea) {
3         *plen = 2*l + 2*w + 2*h;
4         *pbulk = l*w*h;
5         *parea = 2*l*w + 2*l*h + 2*w*h;
6    }
7    int main() {
8         int len, width, high, plen, pbulk, parea;
9         printf("\n 请输入长方体的长,宽,高:");
10        scanf("%d%d%d", &len, &width, &high);
11        plen = pbulk = parea = 0
12        calculator (len, width, high, &plen, &pbulk, &parea);
13        printf("\n 边长  = %5d", plen);
14        printf("\n 边长  = %5d", pbulk);
15        printf("\n 边长  = %5d", parea);
16   }
```

例程 8-6　计算长方体边长、表面积和体积的函数

在例程 8-6 中，第 2 行定义了函数 calculator（int,int,int,int *, int *, int *）。其中，前 3 个参数是整型变量，接收用户输入的长方体的长、宽和高；后 3 个参数是整型指针，用于返回计算的结果（周长、表面积和体积）。第 3 行到第 5 行就很简单了，其实就是计算 3 个结果所需要的公式。在主函数中，提示用户输入长方体的长、宽和高值，分别存放到变量 len、width、high 中。值得注意的是第 12 行对函数 calculator 的调用方式。前 3 个实参分别传入用户输入的 3 个变量中的值，这是我们之前常用的方法。但是，后面 3 个或许读者就有些陌生了。函数 calculator 中的后 3 个参数不是需要指针吗？为什么传入的 3 个参数不是之前常用的指针类型呢？这里需要提示读者的是，指针就是地址。在之前的例程中，读者可以回顾一下，我们定义了一个整型指针，然后，还是要把一个变量的地址赋值给这个指针变量。因此，这里可以将周长、体积和表面积对应的变量地址传入函数 calculator 中。函数 calculator 用了 3 个整型指针变量接收并保存了这 3 个地址。因此，在函数 calculator 中使用*plen、*pbulk 和*parea 时，实际上是在操作 main 函数中相应的变量。说得简单一点，通过指针我们在函数 calculator 中将结果保存到了 main 函数中对应的变量里。这就是指针的优势，否则，由于局部变量的局部作用域限制，想在其他函数中为其赋值是不可能的操作。

这个例子告诉我们，使用指针可以在被调用函数中操作主调函数里的数据。在实际的编程工作中，经常会使用这种方法，请读者仔细体会这种用法。

8.4 指针与数组

使用指针的要点在于能够理解内存模型。在 C 语言中，内存模型的关键特点是"线性唯一"，而数组在本质上就是一段线性连续的内存区域，因此，使用指针来处理数组具有很大的优势。我们仍然通过一个例子开始。

【例 8-2】使用指针输入、输出数组元素和数组中所有元素的和。

分析：读者对于数组元素的使用，包括向数组中保存一个元素、在数组中访问一个元素应该都很熟悉了，通过一个循环和数组的下标就可以实现。既然数组是一块连续的存储单元，那么通过指针如何来做呢？很显然，访问数组元素，循环肯定是少不了的。可以使用指针来代替下标的功能。我们假设有一个队伍，为了能够遍历队伍中的人，可以从头开始一个一个地指，就相当于一个指针的操作。我们先看一下例程 8-7 所示代码。

```
1    #define N 10
2    #include <stdio.h>
3    int main () {
4        int a[N];
5        int i, sum = 0;
6        int *pa;
7        for (pa=a, i=0; i<10;i++) {
8            scanf("%d", pa+i);
9        }
10       printf("输出数组元素\n");
11       for (pa = a, i = 0; i < 10; i++) {
12           printf("%5d", *(pa+i));
13       }
14       printf("\n 数组元素的和:");
15       for (pa = a, I = 0; I < 10; i++) {
16           sum += *(pa + i) ;
17       }
18       printf("sum = %5d", sum);
19   }
```

例程 8-7　使用指针访问数组

在例程 8-7 中，很明显有几个地方是和之前使用数组的时候不同的，分别是第 8 行、第 12 行和第 16 行。这里都涉及了指针的运算"pa+i"。在 C 语言中，指针可以作整型的加减和自增、自减运算。指针的运算实际上是地址的运算。这里以指针加法运算为例说明。

我们知道数组是一段连续的内存空间，如图 8-3 所示。通过之前的学习我们也知道，数组具有相同的数据类型。每一个单元表示一个数组元素，每一个数组元素都有对应的地址。整个数组的地址就是第 1 个数据元素的地址。比如，在本实例中，假设第 1 个元素的地址是 2000，那么这个数组的地址就是 2000。当然，我们可以使用数组名来表示该数组的地址。读者可能会问，数组元素的第 1 个地址是 2000，那么为什么第 2 个元素的地址就是 2002 了呢？这是一个很好的问题，因为我们定义的是一个整型数组，每个元素都是整型类型，它占有 2 字节的空间。所以，下一个元素的地址加 2 而不是 1。指针的加法可以用下面的公式表达：

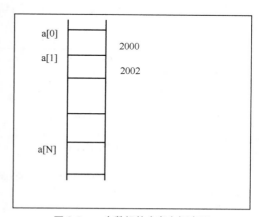

图 8-3　一个数组的内存空间表示

```
pa+N ⇌ pa + N*sizeof(TYPE)
```

其中，sizeof（TYPE）是指指针所代表的数据类型所占的字节长度。所以，pa+i 就是第 i 个元素的地址。那么，*(pa+i)即是第 i 个元素。当然，可以使用"[]"运算符来表示第 i 个元素，比如 pa[i]，它们之间是等价的。

再回到例程 8-7 中。第 6 行声明了一个指向整型变量的指针 pa。第 7 行在 for 循环中的初始条件是，将数组的地址（也就是 2000）通过数组名赋值给 pa。也就是说，此时，pa 中的值是 2000。其实，这种赋值方式"pa=a;"和"pa=&a[0];"是等效的。循环执行第 1 次，将用户输入的第 1 个值保存到数组的第 1 个元素中（a[0]）。问题是，执行第 2 次循环"pa+1;"后，表示的是第 2 个元素，也就是 a[2]的地址。记住，这里可没有取地址符号，因为"pa+1"本身就是一个地址。如果需要取地址符号要写成"&a[2]"了。因此，在之后的第 12 行和第 16 行中，当我们需要访问数组元素的时候直接在地址的前面加一个操作符"*"就可以了。

这里请读者思考一个问题。我们使用第 8 行的方式，将整型数保存到数组中；在第 12 行和第 16 行取数组中的数据时，不通过指针方式了，通过"[]"来取数组元素进行相加可不可以？读者可以做一个小练习。

指针和数组的相互关系总结如表 8-2 所示。

表 8-2 指针和数组的相互关系

int *pa, a[N]	定义整型指针 pa 以及有常数 N 个元素的数组 a
pa=a 或 pa = &a[0]	pa 指向数组首地址
pa 与 a 的区别	a 是数组名，C 语言中数组名是常数，pa 是变量，a 本身是指针常量，即数组首地址
a[i], pa[i], *(a+i), *(pa + i)	数组的第 i 个元素
a+i, pa+I	数组的第 i 个元素的地址
*(), []	这两组符号是等效的，都可以访问数组元素

在上面使用指针处理数组的例子中，我们通过变量 i 来判断循环是否结束。其实，虽然将指针 pa 指向了数组的第 1 个元素，但是一直到循环结束，它的值都没有变化过。既然指针 pa 也可以进行自加操作，那么，它能不能取代循环变量 i 呢？我们先看例程 8-8 这个使用指针求数组元素的和的例子。

```
1    #include <stdio.h>
2    #define N 20
3    int main() {
4        int a[N],  *pa,  sum;
5        printf("\n 输入数组元素:");
6        for (pa = a; pa < a + N; pa++) {
7            scanf("%d", pa);
8        }
9        for (pa = a, sum = 0; pa < a+N; pa++) {
10           sum += *pa;
11       }
12       printf("\n sum = %5d", sum);
13   }
```

例程 8-8 使用指针对数组元素求和

和前面的例程 8-7 相比，例程 8-8 遍历数组的方法完全不同。之前的方法是，我们知道了首地址，通过依次增加 pa 的值来访问全部元素。而在该例中，第 6 行将数组 a 的值赋值给 pa，需要判断 pa 的值是否小于 a+N，如果结果为真，说明 pa 指向的是数组中的元素；否则，说明已经超过数组元素所在的内存范围了。每执行完一次操作，将 pa 的值加 1，此时，pa 中的值已经发生了变化，它里面保存的是下一个数组元素的地址。

这里用了很多笔墨，不知道读者有没有掌握指针和数组之间的相互操作。肯定有些读者会问了，使用以前的方法访问就可以了，为什么还要学习这种方法呢？它有什么优越之处吗？我们先看一下例程 8-9 所示的代码。

```
1    # include <stdio.h>
2    #define N 20
3    int main() {
4        int a[N], i, sum;
5        printf("\n 输入数组元素:");
6        for (i = 0; i < N; i++) {
7            scanf("%d", &a[i]);
8        }
9        for (i = 0; i < N; i++) {
10           sum += a[i];
11       }
12       printf("\n sum = %5d", sum);
13   }
```

例程 8-9　访问数组元素的一般方法

以上两段代码并没有优劣之分，那么为什么要使用指针来处理数组呢？主要原因是利用指针将使处理"抽象"化，从而达到"复用"代码的目的。

例程 8-10 所示为求任意长度数组的所有元素之和的代码。

```
1    #include <stdio.h>
2    #define N 20
3    int sum_array (int *pa, int arr_len) {
4        int sum = 0,    *pta;
5        for (pta = pa; pta < pa + arr_len; pta++) {
6            sum += *pta;
7        }
8        return sum;
9    }
10   int main() {
11       int sum = 0, a[N], i;
12       printf("输入数组元素\n");
13       for (i = 0; i < N; i++) {
14           scanf("%d",&a[i]);
15       }
16       sum = sum_array(a,N);
17       printf("sum = %5d",sum);
18   }
```

例程 8-10　任意长度数组内元素求和

在例程 8-10 中，第 3 行调用了 sum_array 函数，该函数的形参是整型指针 pa 和数组长度 arr_len。main 函数调用 sum_array 函数是将数组 a 的首地址和数组长度 N 传入 sum_array 中，函数分别由 pta 和 arr_len 接收。第 5 行中，指针变量 pta 遍历了 pa 至 pa+N-1 的所有元素。这种机制是函数 sum_array 中不必定义需要处理的数组大小，增强了函数的灵活性和可移植性。

使用指针最重要的原则是"要使指针指向确切的地址"，即利用指针访问的地址必须是确切分配的。本程序采取了两个措施保证指针访问的正确性。首先，程序在第 4 行声明了函数内部的指针变量 pta，虽然形参中的 pa 也可以直接使用，但是在程序中保留一个原始的地址访问起点，每次访问时都会用"pta = pa"将 pa 赋值一下，所有的运算都利用 pta 完成，而局部对 pa 进行赋值运算，这样就保证了指针访问起点的正确性。其次，第 5 行 for 循环中的"pta < pa + arr_len"表达式确定了指针访问的边界。在利用指针遍历数组时，每次都要确定起点和访问边界。

由于 sum_array 函数使用了指针作为形参，所以，它能够求任意数组的和。

8.5 指针与字符数组

C 语言中，没有"字符串"这个数据类型，所以处理字符串都需要使用字符数组。通过前面一节我们知道，利用指针可以更方便地处理数组。据此，利用指针来对字符数组进行操作，也会使得程序更加简洁。

在 C 语言中，字符串常量用双引号表示，例如"Beijing""Chinese"。其中，每个字符串都是由一系列字符构成的。例如，字符串"Beijing"由 8 个字符构成：'B''e''i''j''i''n''g'，其中的 7 个是可见字符，第 8 个字符是不可见的'\0'。'\0'是 C 语言中字符串结束的标识符，它会占用内存空间，但是并不计入字符串的长度。例如，字符串"Beijing"在内存中占据 8 字节的空间，但是其字符串长度为 7。系统会为字符串常量自动添加结束标识符。但对于字符数组，系统并不会自动添加'\0'标识符。由于 C 语言中许多处理字符串的函数需要利用'\0'标识符确定字符串的处理边界，所以，编程人员需要在确认字符数组中有'\0'标识符后，再使用系统提供的字符串处理函数，请看例程 8-11。

```
1    #include <stdio.h>
2    #include <string.h>
3    int main () {
4        int len = 0;
5        char str_arr[80];
6        puts("\n please input a string : ");
7        gets(str_arr);
8        len = strlen(str_arr);
9        printf("length   = %d \n", len);
10   }
```

例程 8-11　使用系统字符串函数求字符串长度

该程序使用了 3 个字符串函数。第 6 行 puts 函数用来向终端输出一行文本。第 7 行利用函数 gets 来读取一个字符串到数组 str_arr 中。第 8 行使用函数 strlen 求数组 str_arr 中字符串的长度，并将结果赋值给变量 len。本程序运行结果如下：

```
Please input a string:
Beijing
Length = 7
```

以上程序对于输入为"Beijing"的情况没有什么问题，系统会自动在字符串数组的第 8 个位置添加一个字符串结束符号'\0'。但是如果前面输入的字符串超过了 80 呢？请读者自己动手做一个实验。

指针和字符串数组有什么关系呢？在前面这个例程中，虽然字符串数组的长度是 80，但是字符串的长度不一定是 80。如果需要我们自己动手写一个求字符串长度的函数呢？请看一下例程 8-12 所示代码。

```
1    #include <stdio.h>
2    int strlen1 (char *in) {
3        char *p;
4        int len = 0;
5        for (p = in; p != '\0'; p++) {
6            len += 1;
7        }
8        return len;
9    }
10   int main () {
11       char *array = "Beijing";
12       printf("长度为: %d\n", strlen1(array));
13   }
```

例程 8-12　使用指针求字符串数组长度

在例程 8-12 中，第 2 到第 9 行重新定义了一个求字符串数组长度的函数 strlen1，参数为字符类型的指针。在函数体内，第 3 行声明一个字符型指针用于遍历字符串。每遍历一个字符，变量 len 的值就加 1，这样遍历结束之后，变量 len 中就是字符串的长度。

8.6 "动态"数组

前面讲到的指针，基本上将已经定义好的变量的地址赋给指针变量，现在要介绍的是向操作系统申请一块新的内存。前面讲了很多指针的用法，但是都是"用法"，没有"用处"。前面所有的关于指针的用法都可以使用其他"简单"的技术差强人意地加以替代。本书先描述这些技术，只是想让读者有个印象，以便于读者学会使用指针的相关技术，至于只有指针才能完成的功能和具体用法，从这一节才开始介绍。

C 语言不支持动态数组，即数组必须先定义容量大小才能使用，并且使用中不能改变容量大小，这样就必须定义"足够大"的数组。例如，为了处理一个班学生的成绩，把班级数组容量定义为 60，其现实含义是程序能够处理的班级人数最多不能超过 60 人。问题来了，如果班级人数超过 60 人程序需要重写，如果班级只有 30 人却带来存储空间和运行时间的浪费。解决的办法只有采用能够动态调整容量的存储结构，本节我们介绍其中一种：动态的顺序结构。

简单地说，动态的顺序结构就是动态数组。介绍数组时我们提到过数组的要素是一个用首地址标识的一段连续的内存空间，所以需要一段连续空间，并且需要知道这段空间的首地址。方法很简单，即利用 malloc 函数。

在 C 语言中用内存分配函数来实现内存的动态分配，这些函数包括 malloc、calloc 和 realloc。内存使用完之后要手动释放，释放的函数是 free。下面我们对这几个函数作一个简单的介绍。

（1）malloc：使用这个函数时需要包含头文件<stdlib.h>，函数形式为 "void * malloc (int size);"。使用该函数需要指定要分配的内存字节数作为参数，函数返回值为所分配内存的第 1 个字节的地址。因为返回值是一个地址，这里需要用指针。例如：

```
int *pNumber = (int *) malloc(100);
```

这条语句分配了 100 字节的内存，并把这个内存块的地址赋给 pNumber，这个内存块保存 25 个 int 值，每个 int 占 4 字节。如果不能分配请求的内存，malloc 会返回一个 null 指针。所以使用之前，要先判断一下是否为 null。例如：

```
if (pNumber == null){  // 提示内存不足 }
```

有时使用 sizeof 运算符分配内存，如：pNumber = (int *)malloc(25*sizeof(int));，该例子分配了 25 个 int 型大小的内存，即 25×4 = 100 字节。

（2）calloc：它把内存分配为给定大小的数组，并且初始化了分配的内存，每位都为 0；该函数需要两个参数：数组元素的个数和数组元素占用的字节数。例如：

```
int *pNumber = (int *) calloc( 25,sizeof(int) );
```

（3）free：函数释放内存，参数是内存地址。分配的内存会在程序结束时自动释放，但最好是在使用完这些内存后立即释放。如果不释放，可能会引起内存泄漏。例如：

```
free( pNumber );
```

下面通过一个实例，来说明如何建一个动态整型数组。

【例 8-3】利用 malloc 函数建立一个动态整型数组，并求数组中所有元素的平均数。

分析：求数组中所有元素平均数的例子我们在前面已经碰到过很多次了，但是都是通过已经定义好大小的数组来实现的。而这里，我们需要的是动态数组，顾名思义，我们并不知道数组的大小，而是需要根据用户的需求由用户指定大小，然后向系统申请内存空间。例程 8-13 所示为其代码。

```
1    #include   "stdio.h"
2    #include   "malloc.h"
3    int main()   {
4        int *arr_head;
5        int arr_size;
6        int i, sum = 0, av = 0;
7        printf("\n Pls input array size: \n");
8        scanf("%d", &arr_size);
9        arr_head = (int * ) malloc ( arr_size*sizeof(int) );
10       if ( !arr_head ) exit(0);
11       printf("输入您所定义的动态数组的所有元素值,您需要输入的元素个数一共有%d 个. \n", arr_size);
12       for(i = 0; i < arr_size; i++) {
13           scanf("%d", arr_head + i); // 想想这里为什么不用地址符 "&"？
14       }
```

例程 8-13　使用动态数组求出成绩的和

```
15          for(i= 0; i< arr_size; i++) {
16              sum = sum + *(arr_head + i);
17          }
18          av = sum / arr_size;
19          printf("\n 您建立了一个有%d 个元素的数组", arr_size);
20          for(i= 0 ; i<arr_size; i++ ) {
21              printf("\n 元素值分别是%7d", arr_head[i]);
22          }
23          printf("\n 数组各元素之和是%d", sum);
24          printf("\n 平均值是%d", av);
25          free(arr_head);
26      }
```

例程 8-13　使用动态数组求出成绩的和（续）

　　读者可以将这段代码运行一下，看看输出结果是否正确，然后再来仔细分析。动态内存分配，顾名思义，就是按需索取，需要多少内存空间就分配请求多少空间。因为在计算机中内存是重要的资源，只有这样动态优化使用内存，才能使应用程序运行得更加流畅和稳健。

　　在例程 8-13 中，第 2 行包含了一个之前没有用到过的新头文件 malloc.h。显然，是这个头文件给我们提供了动态分配内存需要的函数。也就是说，如果在代码里需要动态分配内存，这个头文件是必不可少的。第 4 行声明了一个指向整型变量的指针 arr_head。读者还记得数组名的一个作用吗？数组名可以作为这个数组的首地址，知道了这个首地址，就可以依次遍历整个数组了。因此，arr_head 的作用就相当于数组名，我们用它来保存动态内存空间的首地址。知道这个首地址后，就可以依次遍历内存中的内容了。但是这个首地址和数组名是有区别的：数组名是一个常量，它是无法改变的；而 arr_head 是一个指针变量，它里面的值可以改变。因此，这就要求我们在分配了一块内存，让 arr_head 指向了这块内存之后，不要修改它的值；否则，就不知道这块内存空间是在哪里开始的了。读者请认真体会，这很重要。一旦分配的内存空间找不到了，又没有释放，就会造成内存的泄漏，严重影响程序的效率。

　　第 5 行声明一个整型变量 arr_size 用于保存内存空间的大小，到底要向系统申请多大的空间呢？这个需要告诉系统才行。第 6 行声明变量 i 用于循环控制，变量 sum 用于保存数组元素的和，变量 av 用于保存数组元素的平均值。

　　第 7 行和第 8 行提示用户输入动态数组的大小，然后把这个值保存在变量 arr_size 中。第 9 行是本节的重点，"arr_head = (int *) malloc (arr_size * sizeof(int));"。我们先看里面有一个 malloc，这是一个系统函数。在这里，就像之前调用系统函数 printf 时一样调用。既然是函数就需要传入参数，这个参数就是用户想申请的内存空间的大小。在之前的例程中，如果想保存一个整型数，就分配一个元素大小的数组。那么这里呢？使用 malloc(1)行不行？当然不行了，我们需要保存 arr_size 个整型变量。一个整型变量的大小可以使用 sizeof 获得。因此，arr_size 个整型变量大小的空间就可以通过"arr_size * sizeof(int)"获得。这样，这块内存空间里就可以保存 arr_size 个整数了。将这个内存大小传递到函数 malloc 中，如果申请成功，就返回一个指针。默认的情况下，这个指针的类型是 void 型，即"void *"。但是，这里是要保存整型数的一个内存空间，存放的是整型数。因此，需要将这个指针类型强制转换为整型的指针，即"(int *)"。这样，就和一开始定义的头指针 arr_head 类型保持一致了。通过第 9 行，arr_head 就保存了申请动态内存的首地址。

　　并不是所有的调用 malloc 函数操作都会成功，比如，系统没有足够的内存空间分配，就不会返回内存地址，相反，返回一个空指针"null"。所以，在调用完 malloc 函数之后，需要判断一下是否申请成功。如代码的第 10 行所示，如果 arr_head 为空，即 "!arr_head" 为真，说明内存空间没有申请成功，不能继续往下执行，那么，就执行函数 "exit(0)" 退出程序。

第 11 行到第 14 行提示用户输入需要计算的数值。这里尤其需要注意的是第 13 行，"arr_head +i" 表示从头指针 arr_head 开始的第 i 个内存单元。关于这一点，在前面已经讲解得很清楚，而且这种使用方法并不会改变头指针 arr_head 的值。同理，第 15 行到第 17 行从 arr_head 开始依次访问内存空间的元素，然后读取里面的值，进行相加。第 18 行，由于知道所有元素的和，只要除以元素个数，就得到了平均值。在第 20 行到第 22 行，使用一个 for 循环，采取数组的访问形式，打印用户输入的元素。这里要注意的是，求和操作和后面的元素遍历所用的引用单个元素的方法是不同的。前面一个是通过首地址，后面一个是通过数组的方式。当然，还有几种遍历方法，比如：

```
for(int *p = arr_head; i< arr_head + arr_size; p++ )
    sum = sum + *p;
```

这里我们重新声明了一个变量 p，初值为 arr_head，然后从头指针开始，依次往后遍历。之所以定义一个新的指针变量 p，就是不想改变头指针的值。

第 23 行和第 24 行将数值的和与平均值打印出来。第 25 行同样很重要，我们之前申请了内存空间，这里需要使用函数 free 释放。这个函数的参数就是需要释放的内存空间的地址。

例程 8-13 说明了如何申请保存整型数据的内存空间，但是实际应用中常需要处理自定义数据类型。比如，一个学生的成绩，可能包含学号、姓名、成绩等许多项。

【例 8-4】修改例程 6-4，定义并输入和输出一个结构体变量，每个元素包含一个学生的学号、姓名、数学成绩、英语成绩、总分和两门课的平均分。要求输入和输出此变量信息。

分析：一个学生的数据往往包含很多项，这很多项加起来占有的内存空间远远大于一个整型变量。因此，如果再使用之前的数组提前分配的方法，浪费的内存空间就会更大。也就是说，对于结构体类型，动态分配内存的方法尤其重要。在前一个例程里，我们学习了如何对整型数据分配动态内存，本例程和它的不同之处在于，这里是一个结构体。请看一下例程 8-14 所示实现代码。

```
1    #include "stdio.h"
2    struct student {
3        int num;
4        char name[20];
5        float math,english,total,avg;
6    }
7    int main() {
8        struct student *zhang3;
9        zhang3= (struct student *) malloc ( sizeof( struct student ) );
10       if (zhang3 == null) exit( 0 );
11       scanf("%d", zhang3->num);
12       gets(zhang3->name);
13       scanf("%f%f", zhang3->math, zhang3->english);
14       zhang3->total = zhang3->math + zhang3->english;
15       zhang3->avg = zhang3->total / 2.0;
16       printf("\nzhang3 的成绩信息为:学号  姓名  数学  英语   总分   平均分\n");
17       printf("\n%d%s%5.2f%5.2f%5.2f%5.2f",  zhang3->num,  zhang3->name,  zhang3->math,
zhang3->english, zhang3->total, zhang3->avg);
18    }
```

例程 8-14 使用动态内存保存学生成绩

在例程 8-14 中，第 2 行到第 6 行定义了一个结构体 student，成员有 num 表示学号，name 表示姓名，math、english、total 和 avg 分别表示数学成绩、英语成绩、总成绩和平均成绩。在第 8 行声明一个指向 student 结构体的指针 zhang3。在第 9 行调用系统函数 malloc 向系统申请结构体 student 大小的内存空间。读者可以考虑一下，这个大小如何计算。这个大小是结构体内所有成员占有内存空间的大小之和。然后，进行字节对齐，对于不同的编译器，这个值有可能不一样。

第 10 行判断指针 zhang3 是否为空，如果为空，那么就退出程序。这一步在本例程中尤其重要。使用结构体指针访问结构体的成员和不使用指针不一样。在之前的实例中，我们声明如下："struct student zhang3;"，对成员的访问为 "zhang3.name"，使用的是 "."。但是在本例程中，zhang3 是一个指针，对成员的访问形式变为 "zhang3->num"，使用的是 "->"。这是与之前访问成员的一个不同之处，请读者牢记。那么，为什么我们说第 10 行尤其重要呢？假设内存申请没有成功，那么指针 zhang3 就是一个空指针，在之后的所有操作，比如，"zhang3->num"，就是对空指针操作。在 C 语言中，对空指针操作就会导致程序崩溃。所以，我们在对指针进行操作的时候，一定要保证指针非空。比较好的习惯是，使用之前对指针进行一个判断，如果非空再继续使用。

例程还有个问题，首先 C 语言编程的一个好习惯是"变量要初始化"，内存块如何一次性初始化呢？下面这个函数可以简单地完成这个任务：

```
memset (p,0,size);      //将 p 指向的空间开始的 size 大小的一片区域通通写 0
```
但是，这不是 memset 的唯一用法，该函数的形式是：

```
void *memset(void *s, char ch, unsigned n);
```
即它的功能是将 s 所指向的某一块内存中的前 n 字节的内容全部设置为 ch 指定的 ASCII 值，也就是说，我们不仅可以将一块内存设置为 0，还可以设置成其他的。请看例程 8-15 所示代码。

```
1     #include <string.h>
2     #include <stdio.h>
3     #include <memory.h>
4     int main ( void ) {
5         char buffer[] = "Hello world/n";
6         printf("Buffer before memset: %s/n", buffer);
7         memset(buffer, '*', strlen(buffer) );
8         printf("Buffer after memset: %s/n", buffer);
9         return 0;
10    }
```

例程 8-15　将内存空间使用 memset 设置

在例程 8-15 中，第 5 行声明了一个字符型变量 buffer，里面保存了字符串"Hello world"。第 7 行调用 memset 将 buffer 中的内容设置为"*"。注意，这里使用的是 strlen，即将"Hello world"变成"***********"。如果将 buffer 后面的字符串结束标识符也给设置了呢，会导致什么后果？读者请认真思考。输出结果：

```
Buffer before memset: Hello world
Buffer after memset: ***********
```
有人对某一个在函数内使用的指针动态分配了内存，用完后不释放。其理由是：函数运行结束后，函数内的所有变量全部消亡。这是错误的。动态分配的内存是在堆里定义，并不随函数结束而消亡。

有人对某动态分配了内存的指针，用完后直接设置为 null。其理由是：已经为 null 了，就释放了。这也是错误的。指针可以任意赋值，而内存并没有释放；相反，内存释放后，指针也并不为 null。利用 malloc 分配内存空间，一定要注意完成任务以后，需要将内存释放，这个习惯一定要养成，其方法非常简单——free(p);，否则，就会造成内存泄漏。

内存泄漏还会由其他几种情况导致，主要包括：（1）内存分配未成功，却使用了它；（2）内存分配虽然成功，但是尚未初始化就引用它；（3）内存分配成功并且已经初始化，但操作越过了内存的边界；（4）忘记了释放内存；（5）释放了内存却继续使用它。

随堂练习

一个班有 40 个学生，请综合例程 8-13 和例程 8-14 所学修改编程，利用动态分配内存的方法处理班级成绩。

对于相同类型的大量数据，比如，一个班级中某一门课的成绩，可以使用数组来处理。对于构造类型的数据，比如，一个学生的信息（包括学号、姓名、成绩）可以使用结构体来处理。那么，如果是一个班级的学生信息呢？这种构造类型的大量数据就要用到结构体数组。数组的元素也可以是结构类型的，因此可以构成结构体数组。结构体数组的每一个元素都是具有相同结构类型的下标结构变量。在实际应用中，经常用结构体数组来表示具有相同数据结构的一个群体，如一个班的学生档案、一个车间职工的工资表等。方法和结构变量相似，只需说明它为数组类型即可。

我们看一个关于学生的结构体数组的定义，假设一个学生的信息包含学号、姓名、性别、成绩，那么可以这样定义一个结构体数组：

```c
struct student   {
       int num;
       char *name;
       char sex;
       float score;
} boys[6];
```

这里，定义了一个结构体数组 boys，共有 6 个元素，分别从 boy[0]到 boy[5]。每个数组元素都具有 **struct student** 的结构类型。对结构体数组可以作初始化赋值。例如：

```c
struct student   {
       int num;
       char name[20];
       char sex;
       float score;
} boys[6] = {
        { 101, "Li ping", 'M', 45 },
        { 102, "Zhang ping",'M', 62.5 },
        { 103, "He fang",'F', 92.5 },
        { 104, "Cheng ling",'F', 87},
        { 105,  "Wang ming",'M', 58},
        { 106,  "Cai Li",'M', 20}
}
```

和其他类型的数组类似，当对全部元素作初始化赋值时，也可不给出数组长度。使用普通的数组访问方法可以访问结构体数组中的元素。比如，求结构体数组 boys 的平均成绩，请看例程 8-16 所示代码。

```
1    #include <stdio.h>
2    int main () {
3        int i;
4        float sum, average;
5        for ( i = 0; i < 6; i++) {
6            sum += boys[i].scorer;
7        }
8        average = sum/6;
9        printf("平均成绩为:%d\n", average);
10    }
```

例程 8-16　结构体数组的访问

在例程 8-16 中，第 5 行到第 7 行需要遍历结构体数组。原理和普通的数组遍历基本一致，唯一需要注意的是数组的每一个元素都是结构体类型，因此，对于成员的访问需要使用 "." 操作符。

之前，我们学习了指针和数组的关系，特别是学习了指针和字符串数组的关系。其实，指针与结构体数组之间的关系在原理上和之前的学习并没有特殊区别，不同点是，无论是整型数组还是字符串数组，它们的元素类型都是系统定义类型（整型、字符类型等）。而结构体数组中的元素是结构体类型，在访问结构体的成员方面有所差别。

我们还是通过一个实例来说明问题，在例程 8-16 中，使用了普通的数组元素的访问方法来计算学生的平均分，那么使用指针怎么实现呢？请看例程 8-17 所示代码。

```
1    #include <stdio.h>
2    int main () {
3        struct student *pstu = null; //养成一个好习惯,声明一个指针,指向结构体类型,赋初值为空
4        float sum = 0, average = 0;
5        for (pstu = boys; pstu < boys + 6; pstu++) {
6            sum += pstu -> score;
7        }
8        average = sum/6;
9        printf("平均成绩为:%d\n", average);
10    }
```

例程 8-17　使用指针访问结构体数组

在例程 8-17 中，第 3 行声明了一个结构体指针 pstu，指向结构体类型 student。通常为了正确使用 pstu 指针，在声明的时候赋值为空。和其他变量不赋初值，它里面的值不确定一样，这里最好也赋初值。作为一个指向结构体的指针，在第 6 行，pstu 在 for 循环中，从数组的第 1 个元素开始，依次遍历数组。访问成员使用 "->" 操作符。这里请注意，在执行完第 7 行的 for 循环之后，pstu 已经不指向结构体数组 boys 的开头了，它指向最后一个元素的后面一个内存空间。至于那个内存里存放的是什么，我们是不知道的，因此，如果此时继续访问这个指针指向的这块内存的话，就会出错。

有些读者会问了，pstu 是一个指针，在程序结束的时候，要不要将它使用函数 free 释放掉？如果还有此疑问说明读者对内存结构还没有掌握。首先，在这里 pstu 是一个变量，当 main 函数执行完之后，系统自动会释放，就跟其他的变量 sum 和 average 一样。其次，只有在动态申请了一块内存的时候才去释放。此时，释放的是指针指向的一个内存空间，而不是指针。如果此时调用 free 释

放 pstu 指向的内存空间，因为我们不知道那块内存里保存的是什么，有可能是系统使用的，有可能是没有使用的，随便释放会造成系统崩溃。

应该注意的是，一个结构指针变量虽然可以用来访问结构变量或结构数组元素的成员，但是不能使它指向一个成员，也就是说不允许取一个成员的地址来赋予它。因此，下面的赋值是错误的。

```
Ps = &boy[1].score;
```

而只能是：

```
Ps = boy; // 赋予数组首地址
```

或者是：

```
Ps = &boy[0]; //赋予第 1 个元素首地址
```

在前面的关于指针和数组的关系中我们知道，指针在函数之间传递数据过程中起着重要的作用，这种作用同样适用于结构体数组。在例程 8-18 这个例子中，我们将结构体数组传递到一个函数中，然后更改学生的成绩，全部复原为 0。

```
1    #include <stdio.h>
2    void resetScore ( struct student *s) {
3        struct student *pstu = null; //养成一个好习惯,声明一个指针,指向结构体类型,赋初值为空
4        for (pstu = boys; pstu < boys + 6; pstu++) {
5            (*pstu).score = 0; //  等价于 pstu -> score = 0;
6        }
7    }
8    void printScore (struct student *s) {
9        int i = 0;
10       for (i = 0; i < 7; i ++) {
11           printf("%s 的成绩是:%f\n", s[i].name, s[i].score);
12       }
13   }
14   int main () {
15       printf ("开始的成绩:\n");
16       printScore( boys );
17       resetScore( boys );
18       printf ("重置的成绩:\n");
19       printScore( boys );
20   }
```

例程 8-18　使用指针传递结构体数组

在例程 8-18 中，第 2 行到第 7 行定义了一个函数 resetScore，该函数的形参为一个指向结构体类型的指针。在第 3 行声明一个指针用于遍历整个数组。第 4 行到第 6 行将对应的成绩重置为 0。这里请注意第 5 行，在访问数组元素的时候我们使用的是另外一种方法，没有使用操作符 "->"。因为 pstu 是一个指针，我们最开始的时候都是通过 "*" 来获取指针里的元素的，所以这里照样可以使用这个 "*"，通过它，"(*pstu)" 就表示这是一个结构体，然后，再通过 "." 运算符就可以获取 score 了。这一句其实和 "pstu -> score = 0;" 是等价的。这里之所以提到这种方法，只是想加深读者对结构体指针和数组的理解。

在程序中，我们希望打印修改前后的成绩进行对比，也就是说至少需要打印两次。所以，我们将打印成绩写成一个独立的函数 printScore，这样直接调用就可以了，我们在 printScore 里采用了另外一种访问结构体数组的方法，见第 11 行。之所以采用这么多方法，是因为随着我们学习到的 C

语言的知识越来越多，往往对于某一个问题会有很多的解决方法，读者不能固守思想，而应该灵活选择一个合适的，甚至最优的解决方法。

在主函数中，我们分别调用了这两个函数。其中第 16 行调用 printScore 打印原始成绩。此时，boys 的地址传递给 printScore 中的结构体指针变量 s，通过 s 访问结构体数组的元素。这个操作并没有改变 boys 中的值。第 17 行调用 resetScore 重置 boys 里面每一个数组元素成员的 score，这个函数修改了 boys 中的值。这一点可以从第 19 行的打印得到验证。

8.7 项目实战：一个班级成绩处理项目

到目前为止我们已经学习了许多知识和技术，现在我们需要一个项目把一些必知必会的内容融会贯通地运用一下。无论从用户要求上、交互体验上还是设计结构上这个项目的设计都将尽量做到有实际指导性。由于篇幅限制我们在某些方面只能展现一些结论性的设计和代码结构，希望读者自己好好体会设计的缘由。

8.7.1 项目要求

本项目要求读者能够完成一个包含合理人机交互界面的班级成绩管理项目，适合管理任意人数的班级，需要管理每个学生的学号、姓名、英语成绩、数学成绩以及总成绩和平均成绩，能够完成成绩录入和查找最高、最低分数的学生，打印学生成绩列表，求班级平均分功能。

按照项目要求，计划完成的人机界面包括两层，其中主界面包含建立班级、成绩输入和退出系统功能，同时将分析成绩功能列为主界面的一个项目，而成绩分析的详细功能将列在二级界面完成。

8.7.2 项目分析

这个项目将会用一个动态结构体数组存放成绩；用一个合理的界面引导用户对程序进行控制；项目还需要一个工具集，用来完成排序查找等任务。有了这三者以后，只需要将自定义数据与工具集做一个转换接口，将数据交给工具集处理，然后取回处理结果就可以了。我们所设计的项目解决方案的模块组成如图 8-4 所示。

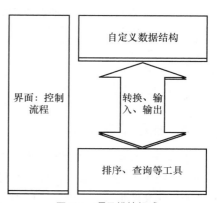

图 8-4　项目模块组成

1．人机交互设计

其实在一个程序设计的过程中功能并不是最重要的，最重要的是让用户明白你的用意和安全地退出。若程序没有安全退出，会产生一些"垃圾信息"，甚至使用户计算机的性能大大降低。

对于本项目需要有一个全屏菜单来引导用户：

```
+==========================================+
|    1：建立新班级                          |
|    2：输入学生成绩                        |
|    3：分析学生成绩                        |
|    4：退出程序                            |
+==========================================+
```

请用 1-4 输入您的选择：

另外对于"分析学生成绩"这个功能还需要一个子菜单，当用户在主菜单选了 3 时，显示以下菜单：

```
+==========================================+
|    1：打印班级学生成绩                    |
|    2：列出总分最高的学生的信息            |
|    3：列出总分最低的学生的信息            |
|    4：求班级每门课的平均分                |
|    5：按学号查找某学生的信息              |
|    6：退回上级菜单                        |
+==========================================+
```

请用 1-6 输入您的选择：

2．数据设计

软件界有一个著名的公式：程序 = 数据结构+算法。公式简单道理深刻。同样一个程序，数据组织得好些，算法就可以简洁一些；若不组织数据，那么解决方法必定复杂。现代程序设计式项目开发中的首要问题都是"用什么结构描述核心数据"。这一点请读者体会。

本项目用下面的结构体表达一个学生的信息，而利用结构体数组表达一个班学生的信息，之所以这样设计是要利用指针来动态确定数组的大小。

```c
struct student {
    int num;
    char name[20];
    float math,english,total,avg;
}
```

3．程序结构设计

在实际工作中，除非程序规模太小，否则不会采用只有一个源文件的情况。只有一个源文件显然不利于小组多人协同开发，同样也不利于程序的可读性和纠错。多文件项目的基本约定是，包含定义类的源程序文件用"头文件"（".h" 后缀）保存，功能类、函数类的源程序文件用 ".c" 文件保存。

本项目将包含这样一些文件。

（1）student_type.h：主要数据结构定义文件；

（2）arr_tools.c：主要包括数组排序，返回最大值、最小值下标等工具类函数的功能源代码；

（3）arr_tools.h：arr_tools.c 中函数的声明；

（4）interface.c：程序界面的功能源代码文件；

（5）interface.h：程序界面的功能所需要的声明；

（6）start.c：程序的主源文件，文件名表达了该文件的含义："开始"。

8.7.3 项目代码与讲解

1．界面功能代码解析

界面承担着人机交互任务，并且从某种程度来说，界面就是项目代码的结构，编码的流程（小组协同开发）应该如图 8-5 所示。

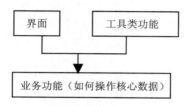

图 8-5 编码的流程

界面框架测试成功后，项目就呼之欲出了。为了便于开发和测试，将界面功能独立成单独的源文件（interface.c）。

```
interface.c :用来完成界面功能
#include "stdio.h"
#include "malloc.h"

int print_main_menu(){

    int main_choice;

    while(1){
        clrscr();\\system("cls");
        printf("\n+=============================+");
        printf("\n|   1：建立新班级              |");
        printf("\n|   2：输入学生成绩            |");
        printf("\n|   3：分析学生成绩            |");
        printf("\n|   4：退出程序                |");
        printf("\n+=============================+");
        printf("\n 请用 1-4 输入您的选择：");
        scanf("%d",&main_choice);
        switch (main_choice){
            case 1: newclass();
            case 2: inputmsg();
            case 3: analy();
            case 4: escape();
            default:{printf("\n输入错误，按任意键继续"); getch();}}
        }
```

```
        }


}


int print_sub_menu(){

    int sub_choice;

    while(1){

        clrscr();\\system("cls");
        printf("\n+=============================+");
        printf("\n|   1：打印班级学生成绩            |");
        printf("\n|   2：列出总分最高的学生的信息     |");
        printf("\n|   3：列出总分最低的学生的信息     |");
        printf("\n|   4：求班级每门课的平均分        |");
        printf("\n|   5：按学号查找某学生的信息      |");
        printf("\n|   6：退回上级菜单               |");
        printf("\n+=============================+");
        printf("\n 请用 1-6 输入您的选择：");
        scanf("%d",&sub_choice);
        switch (sub_choice){
            case 1: print_score_list();
            case 2: score_max();
            case 3: score_min();
            case 4: score_avg();
            case 5: searchbyid();
            case 6: break;
            default:{printf("\n输入错误，按任意键继续"); getch();}

        }



    }
}
```

请分析程序，并说明每个 case 中函数的用途。

项目的主要数据是一个自定义的结构体，它被定义于 **student_type.h** 文件：

```
struct student {
        int num;
        char name[20];
        float math,english,total,avg;

    }
```

若只有上面的定义，每次使用结构体时都需要把"struct student"这两个单词重新写一遍。为了更简单并且更像数据类型的定义，使用 **typedef** 关键字重新写一下这个定义，代码如下：

```
typedef struct {
    int num;
    char name[20];
    float math,english,total,avg;
}StudentMsg;
```

至此"StudentMsg"成为一种自定义的新的数据类型（其实就是自定义的结构体），只要项目中的源代码引用了 student_type.h 以后，就可以使用 StudentMsg 来定义新的变量，新变量也就是结构体变量了。

2．该项目完整的代码清单

```
#include "stdio.h"
#include "malloc.h"
#include "stdlib.h"
#include "string.h"


typedef struct {
    int num;
    char name[20];
    float math;
    float english;
    float total;
    float avg;
} STUDENT_REC;

#define null (void *)0

int newclass();
int inputmsg(STUDENT_REC *,int);
int escape();

int print_score_list(STUDENT_REC *,int);
int score_max(STUDENT_REC *,int);
int score_min(STUDENT_REC *,int);
float score_avg(STUDENT_REC *,int);
int searchbyid(STUDENT_REC *,int);
int sortbytotal(STUDENT_REC *,int);

#define TARGET_TYPE STUDENT_REC

int compare(TARGET_TYPE ,TARGET_TYPE );//
int swap(TARGET_TYPE *,TARGET_TYPE * );
int sort(TARGET_TYPE * , int );

STUDENT_REC *head;
int counts;
```

```
int main(int argc, char *argv[])
{

   head=null;
   counts=0;

   print_main_menu();

 system("PAUSE");
 return 0;
}



int print_main_menu(){

   int main_choice;

   while(1){
   /*    clrscr();   */    system("cls");

       printf("\n+===========主菜单==============+");
       printf("\n|   1: 建立新班级                     |");
       printf("\n|   2: 输入学生成绩                   |");
       printf("\n|   3: 分析学生成绩                   |");
       printf("\n|   4: 退出程序                       |");
       printf("\n+==============================+");
       printf("\n 请用 1-4 输入您的选择: ");
       scanf("%d",&main_choice);
       switch (main_choice){
          case 1: {newclass();break;}
          case 2: {inputmsg(head,counts);break;}
          case 3: {print_sub_menu();break;}
          case 4: {escape();break;}
          default:{printf("\n 请输入 1-4 进行选择");getch();}
       }

    }

}



int print_sub_menu(){
```

```
        int sub_choice;

        while(1){

            printf("\n+==========成绩分析模块==========+");
            printf("\n|    1：打印班级学生成绩                |");
            printf("\n|    2：列出总分最高的学生的信息        |");
            printf("\n|    3：列出总分最低的学生的信息        |");
            printf("\n|    4：求班级每门课的平均分            |");
            printf("\n|    5：按学号查找某学生的信息          |");
            printf("\n|    6：按总分排序输出所有学生成绩      |");
            printf("\n|    7：退回主菜单                      |");
            printf("\n+==============================+");
            printf("\n 请用 1-7 输入您的选择：");
            scanf("%d",&sub_choice);
            switch (sub_choice){
                case 1: {print_score_list(head,counts);break;}
                case 2: {score_max(head,counts);break;}
                case 3: {score_min(head,counts);break;}
                case 4: {score_avg(head,counts);break;}
                case 5: {searchbyid(head,counts);break;}
                case 6: {sortbytotal(head,counts);break;}
                case 7: return 0;
                default:{printf("\n 必须输入 1-7?");getch();}
            }


        }
    }


    int newclass(){

        STUDENT_REC *p = null;
        int nums=-1;
        printf("\n 请输入班级学生数量\n");
        scanf("%d",&nums);
        p=(STUDENT_REC*)malloc(sizeof(STUDENT_REC) *nums);

        if(!p) {
            printf("\n 内存申请失败");
            return 0;
        }


        counts=nums;

        head=p ;
```

```
}


int inputmsg(STUDENT_REC *h,int c){
    STUDENT_REC *p=null;
    int nums;
    int i;
    p=h;
    nums=c;
    for(i=0;i<nums;i++,p++){
        printf("\n\n 输入第%d 个学生的成绩",i+1);
        printf("\n 输入学号");
        scanf("%d",&p->num);
        printf("\n 输入姓名");
        scanf("%s",p->name);
        printf("\n 输入英语成绩");
        scanf("%f",&p->english);
        printf("\n 输入数学成绩");
        scanf("%f",&p->math);

        p->total=p->english+p->math;
        p->avg=p->total/2.0;

    }

}


int escape(){
    char res;
    printf("\n 如果退出请按 Y 或 y :");
    res=getchar();
    res=getchar();
    if(res=='Y'||res=='y')exit(0);



}


int print_score_list(STUDENT_REC *h,int c){

    STUDENT_REC *p=null;
    int nums;
    int i;
    p=h;
    nums=c;
    printf("\n 学号    姓名              数学    英语    总分");
    for(i=0;i<nums;i++,p++)
```

```
        printf("\n%5d  %25s    %5.2f   %5.2f  %5.2f",p->num,p->name,p->math,p->english,p->total);


}


int score_max(STUDENT_REC *h,int c){
    STUDENT_REC *p=null;
    int nums;
    int i,inx;
//    STUDENT_REC recset;
    p=h;
    nums=c;

    inx=0;

    for(i=0;i<nums;i++)
        if((p+i)->total >(p+inx)->total) inx=i ;


//    if(i==nums) {printf("\n not found");return -1;}


        printf("\n 最高成绩学生信息\n 学号    姓名                数学    英语");
        printf("\n%5d    %25s    %5.2f    %5.2f",(p+inx)->num,(p+inx)->name,(p+inx)->math,(p+inx)->
english);


}


int score_min(STUDENT_REC *h,int c){
    STUDENT_REC *p=null;
    int nums;
    int i,inx;
//    STUDENT_REC recset;
    p=h;
    nums=c;
    inx=0;

    for(i=0;i<nums;i++)
        if((p+i)->total < (p+inx)->total) inx=i ;


//    if(i==nums) {printf("\n not found");return -1;}


        printf("\n 最低成绩学生信息\n 学号    姓名                数学    英语");
        printf("\n%5d    %25s    %5.2f    %5.2f",(p+inx)->num,(p+inx)->name,(p+inx)->math,(p+inx)->
english);


}
```

```
float score_avg(STUDENT_REC *h,int c){
     return 0;
     }
int searchbyid(STUDENT_REC *h,int c){

   return 0;
}
int sortbytotal(STUDENT_REC *h,int c){

    sort(h,c);
    print_score_list(h,c);
      return 0;


}




int compare(TARGET_TYPE a,TARGET_TYPE b){
   return (a.avg - b.avg);
}


int swap(TARGET_TYPE *a,TARGET_TYPE *b){

   TARGET_TYPE tmp;

   tmp.num=a->num;
   strcpy(tmp.name,a->name);
   tmp.math=a->math;
   tmp.english=a->english;
   tmp.total=a->total;
   tmp.avg=a->avg;

   a->num=b->num;
   strcpy(a->name,b->name);
   a->math=b->math;
   a->english=b->english;
   a->total=b->total;
   a->avg=b->avg;

   b->num=tmp.num;
   strcpy(b->name,tmp.name);
   b->math=tmp.math;
   b->english=tmp.english;
   b->total=tmp.total;
   b->avg=tmp.avg;
```

```
}

int sort(TARGET_TYPE *head,int counts){

    int i,j;
    for(i=0;i<counts;i++){
        for(j=counts-1;j>i;j--){
            if(compare(head[i],head[j])>0)swap(head+i,head+j);
        }
    }

}
```

8.8 本章小结

　　指针是 C 语言中广泛使用的一种数据类型。运用指针编程是 C 语言最主要的风格之一。利用指针变量可以表示各种数据结构；能很方便地使用数组和字符串；并能像汇编语言一样处理内存地址，从而编出精练而高效的程序。指针极大地丰富了 C 语言的功能。学习指针是学习 C 语言最重要的一环，能否正确理解和使用指针是是否掌握 C 语言的一个标志。同时，指针也是 C 语言中最为困难的一部分，在学习中除了要正确理解其基本概念，还必须多编程，并上机调试。只要做到这些，指针也是不难掌握的。

　　在 C 语言中，一种数据类型或数据结构往往都占有一组连续的内存单元。用"地址"这个概念并不能很好地描述一种数据类型或数据结构，而指针虽然实际上也是一个地址，但它却是一个数据结构的首地址，它是"指向"一个数据结构的，因而概念更为清楚，表示更为明确。这也是引入指针概念的一个重要原因。另外，指针变量必须要指明类型，因为不同类型的指针进行"加减"运算时，地址移动的"步长"不同。

　　在本章中，我们在 8.2 节引入了指针，指出了指针的本质。然后逐渐深入，在 8.3 节学习了指针和变量之间的关系。指针可以指向一段连续的内存空间，之前我们常用的数组也是连续的内存空间。在第 8.4 节、第 8.5 节学习了如何通过指针来访问数组，尤其是字符数组。在第 8.6 节，我们学习了如何动态申请内存空间，以及如何对内存空间进行操作。在第 8.7 节，通过一个处理班级成绩的项目综合应用了第 1 章～第 8 章所学的内容。

　　指针，尤其是对内存的动态操作是 C 语言的精华，是学习 C 语言必须掌握的内容。因此，请读者多加练习，熟练掌握指针的概念。

8.9 练习

下面的所有习题都用指针作答，另外请读者练习用函数调用的方法构建模块化的程序结构。

习题 1：请编制程序完成三角形参数计算，具体要求如下：（1）在主函数中定义 a、b、c 用作 3 条边长的变量；（2）要求编写 input 函数，完成 3 条边长的输入；（3）编写一个函数，求三角形的周长和面积；（4）在主函数中输出三角形的周长和面积。

习题 2：从键盘输入一个字符串，求字符串中的所有数字并求和，如输入"#ab12$578KF536"，则输出"12,578,36,sum=626"。

习题 3：任意输入 n 个矩形的长与宽的信息，编程搜索面积与周长比最大的矩形，并打印它的长与宽。

习题 4：编制一个字符串处理工具包（例如"mystrtools.h"和"mystrtools.c"）解决下列问题：求字符串长度、字符串逆序，将字符串中的大写字母改为小写，将字符串的小写字母变为大写，以及字符串复制。

习题 5：数组 arr1 和数组 arr2 是两个降序整型数组，利用指针将 arr1 和 arr2 合并至第 3 个数组，并保持降序。此题不要使用合并后排序的方案。

第9章 利用链表处理复杂表格

9.1 链表的优势

数组作为存放同类数据的集合，给程序设计带来很多的方便，增加了设计的灵活性，但数组也同样存在一些弊病。首先，普通数组的大小在定义时要事先规定，不能在程序中进行调整，这样一来，在程序设计中针对不同问题有时需要 30 个数组的大小，有时需要 50 个数组的大小，难于统一。我们只能根据可能的最大需求来定义数组，这常常会造成一定存储空间的浪费。对此，我们可以利用指针技术构造动态的数组，随时可以调整数组的大小，以满足不同问题的需要，但是还有两个短板无法弥补，那就是数组删除和插入元素很麻烦，需要移动相邻的一系列元素。另外，若当前内存有多块不连续区域，就不适合大型的动态数组了。链表就是我们需要的另一种动态线性结构。它在程序的执行过程中根据数据存储的需要向系统申请较少存储空间，不会造成对存储区的浪费，并能够方便地增减元素。链表可分为 3 种：单链表、循环链表、双向链表。本节主要介绍最常用的单链表。

9.1.1 创建单链表

单链表又分为有头单链表和无头单链表。无头单链表是指没有头指针，直接从第 1 个元素开始的链表。有头单链表是指单链表有一个头节点 head，指向链表在内存的首地址。链表中的每一个节点的数据类型为结构体类型，节点有两个成员：数据成员（实际需要保存的数据）和指向下一个节点的指针（即下一个节点的地址）。链表按此结构特点，后续节点的地址由当前节点给出，所以无论在表中访问哪一个节点，都需要从链表的头开始，顺序向后查找。链表的尾节点由于无后续节点，其指针域为空，写为 null。图 9-1 为链表结构的示意图。链表中的各节点在内存中的存储地址不是连续的，其各节点的地址是在需要时向系统申请分配的。

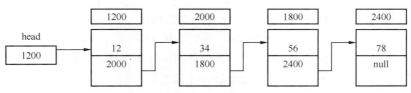

图 9-1　单链表的结构图

通常来讲，单链表的创建算法包括以下几个步骤。（1）定义链表的数据结构。（2）创建一个空表。（3）利用 malloc 函数向系统申请分配一个节点。（4）将新节点的指针成员赋值为空。若是空表，将新节点链接到表头；若是非空表，将新节点接到表尾。（5）判断一下是否有后续节点要接入链表，若有转到（3），否则结束。

【例 9-1】根据上一节学生成绩的结构，创建单链表以代替结构体数组存储学生信息。

分析：单链表中的每一个节点，除了要保存所需要的数据（学号、姓名、成绩等）外，还需要保存下一个节点地址的结构体成员。请看下面的定义：

```
struct studentLink    {
    int num;
    char name[20];
    char sex;
    float score;
  struct student * next;
}
```

在上面的结构体定义中，除了最后一项，其他成员与以前的学生信息相比结构没有发生变化。在链表中，指向下一个节点的指针是一个结构体类型指针。定义好了结构体类型，我们看如何创建一个单链表。首先，需要定义一个函数 createTable，为了方便数据的输入，假设输入的数据是之前的 boys 结构体数组。函数返回指向单链表的指针，这样我们就可以使用这个单链表，并对其进行操作。请看例程 9-1 所示代码。

```
1    #include <stdio.h>
2    #include <stdlib.h>
3    #include <string.h>
4    struct studentLink    {
5            int num;
6            char name[20];
7            char sex;
8            float score;
9         struct studentLink * next;   // 指向下一个节点的指针
10   }
11   struct studentLink * createTable () {
12       struct studentLink * head = null; // 定义一个头指针,保存链表
13       return head;
14   }
15   int main () {
16       struct studentLink * table;
17       table = createTable();
18   }
```

例程 9-1　初始化一个无头的单链表

在例程 9-1 中，第 4 行到第 10 行定义了一个新的结构体 studentLink，在第 9 行为这个结构体添加了一个新成员，它表示指向下一个结构体的指针。第 11 行到第 14 行定义了一个创建单链表的函数，一般用于单链表的初始化中。因为单链表包括有头单链表和无头单链表，在本书中我们使用无头单链表，所以在 createTable 之后，返回的是一个空指针。如果是有头单链表，应该返回一个指向头节点的指针。至于如何创建一个带头节点的单链表，留给读者去思考。

9.1.2　单链表的插入

创建了一个单链表之后，一个很重要的操作就是往单链表里保存数据，本书称为单链表的插入。单链表不像数组，有事先分配的空间，它更像我们之前讲的动态数组。但是，它比动态数组更灵活。在动态数组中使用的是一块连续的内存空间。而在单链表中，节点是按需申请，所以它们在内存空间中不一定是连续的。

插入的节点可以在表头、表中或表尾。在这里，按照结构体数组 boys 中的顺序建立链表，则插入的节点将依次插入到创建好的单链表中。由于插入的节点可能在链表的头部，会修改链表的头指针，所以，定义插入节点的函数的返回值为返回结构体类型的指针。

在图 9-2 中，本来的单链表结构是指针 p3 指向的节点后面是 p2 指向的节点（也就是说 p3->next 等于 p2），现在需要将 p1 指向的节点插入到 p3 之后。很明显，需要将这 3 个节点链接起来。需要执行以下操作：

```
p3->next = p1;
p1->next = p2;
```

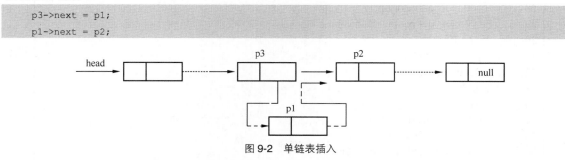

图 9-2　单链表插入

【例 9-2】创建一个单链表，并将结构体数组 boys 中的数据保存到单链表中。

分析：直观来看，结构体数组 boys 中的每一个元素都应该对应单链表的一个节点，因此，需要依次遍历 boys 数组，为每一个元素创建一个对应单链表节点，并将 boys 数组元素中的结构体成员的值取出来，赋值给单链表中对应节点的成员。由于每一次都需要将创建的单链表节点插入到表尾部，因此，我们需要记住最后一个节点的位置。请读者思考：为什么这里不能使用头指针加链表长度得到链表的结束尾节点？代码如例程 9-2 所示。

```
1    #include <stdio.h>
2    #include <stdlib.h>
3    #include <string.h>
4    struct studentLink      {
5            int num;
6            char name[20];
7            char sex;
8            float score;
9            struct studentLink * next;   // 指向下一个节点
10   }
11   struct studentLink * createTable () { // 将结构体数组转换为单链表
12        struct studentLink * head = null; // 定义一个头指针,保存链表
13        return head;
14      }
```

例程 9-2　单链表的插入

```
15      struct studentLink * insertTable (struct studentLink * head, struct student input[], int size) {
        // 将结构体数组转换为单链表
16          struct studentLink   *p, *q; // 定义一个头指针,保存链表
17          int i ;
18          for ( i = 0; i < size; i++) {
19              p = (struct studentLink *)   malloc   (sizeof(struct studentLink));
20              p -> num = input[i].num;
21              strcpy(p->name, input[i].name, sizeof( input[i].name ));
22              p ->score = input[i].score;
23              p -> next = null;
24              if ( head == null ) {
25                  head = p;
26                  q = p;
27              } else {
28                  q->next = p;
29                  q = p;
30              }
31          } // for 循环结束
32          Return head;
33      } // 函数结束
34      int main () {
35          struct studentLink * sl;
36          sl = createTable ();
37          sl = insertTable (sl, boys, 6);
38      }
```

例程 9-2　单链表的插入（续）

在例程 9-2 中，第 15 行到第 32 行定义了一个函数 insertTable，它的主要功能是将结构体数组中的数据插入到单链表中。第 1 个参数表示单链表的指针，第 2 个参数是结构体数组，第 3 个参数是结构体数组的大小。由于在本例程中定义的单链表没有头节点，因此，其头指针的值有可能发生变化，所以，函数 insertTable 返回一个指向单链表的指针。

第 16 行声明了两个指针变量 p 和 q。其中，p 用于指向每次创建的节点，q 用于指向单链表的最后一个节点。为什么需要这样呢？我们先简单了解一下单链表插入的流程。首先，创建第 1 个节点，指针 p 指向这个节点。然后，将这个节点插入到单链表中，此时需要判断头节点是否为空，如果为空的话，这个节点就需要作为头节点，否则的话，需要将这个节点插入到单链表的尾部。当然，可以每次都通过遍历单链表找到最后一个节点，但是这样毕竟效率太低，因此定义了另外一个指针 q，让它一直指向单链表的末尾。这样每次生成一个节点（指针 p 指向），就可以直接插入到单链表的尾部（指针 q 指向）了。这是单链表灵活的原因。读者可以结合前面的结构体数组的插入体会一下：在单链表中，只要找到了插入的位置，通过修改指针的值，就可以实现插入操作，而不需要移动大量的数据。

第 18 行开始循环遍历传入到函数 insertTable 的结构体数组 input。对于每一个元素，在第 19 行通过 malloc 函数分配需要的内存单元。第 20 行到第 23 行给新生成的节点赋值，即把对应的结构体数组中的数据赋值到节点中对应的成员。这里需要注意的是，在第 21 行复制姓名的时候，为什么没有使用 "p->name = input[i].name" 呢？请读者思考这个问题。我们知道 "input[i].name" 是一个

字符串数组，里面存放的是一个字符串，而在 C 语言中字符串数组的赋值是通过元素的访问或者字符串复制函数 strcpy 来实现的。如果读者对此还是感到生疏，建议重新复习前面的字符串数组知识。

第 24 行到第 30 行就是执行新节点的插入操作了。首先，在第 24 行判断头节点是否为空，如果为空，当前的新节点需要作为头节点。如果不为空，直接插入到指针 q 指向的尾部。这里比较简单，直接执行 "q->next = p;" 就可以了。此时这个 p 节点就成了最后一个节点，因此，我们需要改变指针 q 的值，通过 "q = p;" 使得它一直指向链表的结尾。提醒读者的是第 23 行，"p -> next = null;" 这一句也很重要，在创建这个节点的时候，就把该节点中指向下一个节点的指针赋值为空。因为 "p -> next = null;" 是判断一个链表是否结束的重要标识，如果忘记了对这一项赋值，那么单链表就可能出现混乱。

有些好奇的读者会问这样一个问题，这个单链表中使用 malloc 函数分配了这么多内存，怎么没有见到 free？不是说一般 malloc 对应着 free 的吗？是的，我们现在是在内存中创建了一个单链表，使用完之后，是需要将整个单链表占用的内存空间释放掉的。释放的过程就是从单链表的头开始，依次释放。对于上面这个例程，返回的单链表头为 sl，那么直接调用 "free(sl)" 对不对呢？这当然是不对的，free 函数只是将指针 sl 指向的内存空间释放掉。对于有 6 个节点的单链表来说，如果只执行这一步操作，只是将第 1 个节点占有的内存空间释放掉了。更为要命的是，这一步操作把单链表的头给释放掉了，不知道单链表的头，剩下的所有内存空间就都没法再继续访问。剩下的内存空间去哪儿了？一直停留在系统内存中，这就造成了内存的泄漏。所以，读者一定要正确释放自己申请的内存空间。为了帮助读者理解这个问题，我们看一下如何正确地释放一个单链表中占有的内存空间。

这里给出一个函数，函数名为 freeTable，函数的参数是指向单链表的头指针。如果正确释放单链表中所有的内存空间，函数返回 1，否则的话返回 0。请看例程 9-3 所示代码。

```
1    #include <stdio.h>
2    #include <stdlib.h>
3    int freeTable ( struct studentLink * table) {
4        struct studentLink *p, *q;
5        if (table == null ) {
6            return 0;
7        }
8        p = table;
9        while (p != null ) {
10           q = p -> next;
11           free (p);
12           p = q;
13       }
14       return 1;
15   }
```

例程 9-3　释放单链表空间

在例程 9-3 中，第 4 行为了方便之后的释放操作声明了两个指针变量 p 和 q。之前我们提到，需要遍历单链表，逐个释放内存单元。指针 p 的作用是指向当前需要释放的内存单元。但是，正如之前提到过的，如果指针 p 指向的内存空间释放掉了，就无法找到它后面的节点了。因此，必须有一个指针变量，它的作用就是在释放指针 p 指向的内存单元之前，把它后面的一个节点，即 "p->next"

保存下来。释放完之后再告诉 p，从而使得释放过程可以继续下去。

第 5 行到第 7 行，如果传入的指针为空指针，那么说明无需操作，直接返回。这里主要是想提醒读者，对于函数的参数是指针的情形，一般在函数的开始都要进行一个判断指针是否为空的操作。一旦在函数体内对空指针进行了操作，程序就会崩溃。

第 8 行到第 13 行逐次遍历单链表。判断单链表结束的标识是当前的指针是否为空，这就是为什么之前我们在插入元素到单链表的时候强调，一定要保证单链表的最后一个元素中的"next"成员为空。第 10 行暂时保存当前指针的"next"成员。第 11 行调用 free 函数，释放内存空间。第 12 行重新将当前需要处理的节点（保存在指针变量 q 中）赋值给指针变量 p，从而可以继续处理。第 14 行表示释放完成之后返回 1。

9.1.3　单链表中节点的删除

在链表这种特殊的数据结构中，链表的长短需要根据具体情况来设定。当需要保存数据时向系统申请存储空间，并将数据接入链表中。对链表而言，表中的数据可以依次接到表尾或连接到表头，也可以视情况插入表中。对不再需要的数据，将其从表中删除并释放其所占空间，但不能破坏链表的结构。这就是下面将介绍的链表的删除。

假如我们已经知道了要删除的节点 p 的位置，只要令 p 节点的前驱节点的链域由存储 p 节点的地址改为存储 p 的后继节点的地址，并回收 p 节点即可，如图 9-3 所示。

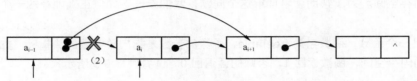

图 9-3　单链表的删除

例程 9-4 中，第 2 行到第 7 行定义了一个删除单链表中某个节点的函数 delTable。这个函数有两个参数，第 1 个参数 q 指向需要删除节点的前面一个节点，第 2 个参数 p 指向当前需要删除的节点。第 3 行声明一个指针变量用于节点内存的释放。最重要的一步是第 5 行，前面一个节点的"next"值，赋值为当前节点的"next"值，这样保证了链表的连续性，否则的话，读者可以想象，如果直接释放指向需要释放节点的指针 p，那么 p 之后所有的节点都找不到了，整个链表就分成两部分。在保证了单链表的连续性之后，第 6 行通过调用 free 函数释放当前的节点。

```
1      #include <stdlib.h>
/*删除函数,其中 p 为要删除的节点的指针,q 为要删除的节点的前一个节点的指针*/
2      void delTable(struct studentLink *q, struct studentLink *p) {
3          struct studentLink *s;
4          s = p;
5          q -> next = p -> next;
6          free(s);
7      }
```

例程 9-4　单链表的删除

这里需要提醒读者，在释放单链表中节点的内存空间的时候，一个很重要的前提就是保证单链表的完整和连续性。读者记住这个前提，执行删除操作的时候就不会轻易地删除节点，造成错误的操作。

上面这个单链表的例子有些抽象，下面介绍一个实例。之前创建了一个保存了学生成绩的单链表 sl，如果需要将学号为 105 的学生删除掉，该怎么做呢？

很明显，我们需要找到这个学号为 105 的学生的节点，但找到后直接删除它用 free 释放空间就可以了吗？当然不行，前面讲过了，这样就破坏了整个链表的结构。我们还需要做的是一直保存这个节点的前面一个节点的地址。把前面一个地址的 "next" 指针指向 p 的下一个指针才是正确的。请看例程 9-5 所示代码。

```
1       #include <stdlib.h>
/*删除函数,其中 p 为要删除的节点的指针,q 为要删除的节点的前一个节点的指针*/
2       void delTable(struct studentLink *q, struct studentLink *p) {
3           struct studentLink *s;
4           s = p;
5           q -> next = p -> next;
6           free(s);
7       }
8       int main () {
9           struct studentLink *pre = null, *curr = null;
10          curr = ls;    // curr 指针指向单链表的第 1 个元素
11          pre = ls;
12          while (curr != null ) {
13              if (curr-> num == 105) {
14                  delTable(curr, pre);
15                  return 1;
16              } else {
17                  pre = curr;
18                  curr = curr -> next;
19              }
20          } // 循环结束
21      }
```

例程 9-5　删除单链表中一个学生的信息

在例程 9-5 中，第 9 行声明了两个指针变量分别指向前一个节点和当前节点。第 10 行和第 11 行分别将这两个指针指向单链表 sl 的头部。第 12 行到第 20 行开始查找，如果找到了学号为 105 的学生，那么就调用 delTable 函数，执行删除操作；否则的话，将指针往后移动（如第 17 行和第 18 行所示）。

9.1.4　单链表的查找

无论是之前的数组还是本章的单链表，都是用来存放数据的。我们需要查找满足要求的数据。单链表也一样，我们需要在单链表里找到需要的数据，这就是单链表的查找。单链表的查找算法分为以下几个步骤：（1）找到表头；（2）若是非空表，输出节点的值成员，是空表则退出；（3）跟踪链表的增长，即找到下一个节点的地址；（4）转到（2）一直到查找成功，或者退出。

【例 9-3】在单链表中查找学号为 105 的学生，如果找到，提示找到；否则，提示没有找到。

分析：在单链表中查询，需要从头节点开始依次遍历，如果找到符合查询条件的节点就返回，否则就继续查询，一直到整个链表结束。在本例程中，定义一个函数 searchTable，有两个参数，第

1 个参数表示单链表的头指针，第 2 个参数是需要查找的学号。如果成功则函数返回对应的节点指针；否则返回空，表示没有找到。代码如例程 9-6 所示。

```
1     struct studentLink * searchTable(struct studentLink *head, int num) {
2         struct studentLink *s;
3         s = head;
4         if ( !head ) { // 等价于 head == null
5             return null;
6         }
7         while (s != null) {
8             if (s -> num == num) {
9                 return s;
10            } else {
11                s = s -> next;
12            }
13        } // 循环结束
14    }
15    int main () {
16        struct studentLink *p = null;
17        p = searchTable(sl, 105);
18        if ( p == null) {
19            printf("没有找到这个学生\n");
20        else {
21            printf("找到这个学生\n");
22        }
23    }
```

例程 9-6 单链表的查找

在例程 9-6 中，为了不改变头指针的值，在第 2 行声明了一个新的指针变量 s。第 4 行到第 6 行判断单链表的头指针是否为空，如果为空，说明肯定没有数据可查，直接返回空指针。第 7 行到第 14 行从头指针开始遍历，第 8 行说明如果找到了这个学生，那么直接返回对应的指针；否则通过 "s = s -> next;" 继续向下查找。

9.2 | 其他链表

单链表是 C 语言中最经常使用的链表之一，主要是因为它简单、易懂。除了单链表还有其他链表，分别是循环链表和双向链表。这里只作一个简单的介绍。

9.2.1 循环链表

循环链表与单链表一样，是一种链式的存储结构，所不同的是，循环链表的最后一个节点的指针指向该循环链表的第 1 个节点或者表头节点，从而构成一个环形的链。

循环链表的运算与单链表的运算基本相同。不同之处有以下两点。（1）在建立一个循环链表时，必须使其最后一个节点的指针指向表头节点，而不是像单链表那样置为 null。此种情况还使用于在最后一个节点后插入一个新的节点。（2）在判断是否到表尾时，是判断该节点链域的值是否是表头节点，当链域值等于表头指针时，说明已到表尾，而不像单链表那样判断链域值是否为 null。

9.2.2　双向链表

双向链表其实是单链表的改进。当我们对单链表进行操作时，有时要对某个节点的直接前驱进行操作，又必须从表头开始查找。这是由单链表节点的结构所限制的，因为单链表的每个节点只有一个存储直接后继节点地址的链域。那么能不能定义一个既能存储直接后继节点地址的链域，又能存储直接前驱节点地址的链域的这样一个双链域节点结构呢？这就是双向链表。在双向链表中，节点除含有数据域外，还有两个链域：一个存储直接后继节点地址，一般称为右链域；一个存储直接前驱节点地址，一般称为左链域。

9.3 ｜ 本章小结

链表是一种常见的重要数据结构，它是动态地进行内存存储分配的一种结构。动态内存分配是实现链表的基础。用数组存放数据时，必须事先定义固定的长度（即元素个数），但是事先难以确定有多少个元素时，则必须把数组定义得足够大，以保证成功。无疑这会造成内存浪费。链表则没有这种缺点，它可以根据需要动态开辟内存单元。链表中的各个元素在内存中可以不是连续存放的，但是要找到某一元素，必须知道它的地址，这就需要链表必须有一个头指针（head）。

所谓链表，就是用一组任意的存储单元存储线性表元素的一种数据结构。链表又分为单链表、双向链表和循环链表等。我们重点学习单链表。所谓单链表，是指数据节点是单向排列的。一个单链表节点，其结构类型分为两部分：（1）数据域，用来存储本身数据；（2）链域（或称为指针域），用来存储下一个节点地址或者说指向其直接后继的指针。

定义好了链表的结构之后，只要在程序运行的时候在数据域中存储适当的数据，如有后继节点，则把链域指向其直接后继节点，若没有，则置为 null。

本章我们重点讲解了单链表，以及和单链表相关的查找、插入与删除操作，并结合学生成绩的例子进行了学习。链表是 C 语言中重要的数据结构之一，读者一定要掌握。

9.4 ｜ 练习

习题 1：编程调试本章例题。

习题 2：用链表改写例 8-3，创建 20 个节点并求平均数。

第10章 文件操作

在第 8 章中，我们列举了一个班级成绩管理项目。在这个项目中，我们设计了一个人机交互界面，提供了很多丰富的功能，包括学生成绩的输入、分析等，但是该程序缺少一个重要功能——存储。不能存储信息给用户带来诸多不便，如断电丢失数据、总需要重复录入等。本章将介绍利用文件读写函数存储班级学生信息的方法。

文件操作在程序设计中是非常重要的技术。所谓"文件"，一般指存储在外部介质上的数据的集合。一批数据是以文件的形式存放在外部介质（比如磁盘）上的，操作系统是以文件为单位对数据进行管理的，也就是说，如果想找存放在外部介质上的数据，必须先按文件名找到所指定的文件，然后再从该文件中读取数据。同理，如果需要向外部介质上存储数据，也必须先建立一个文件（以文件名为标识），才能向它输出数据。从编码的方式来看，文件可分为 ASCII 码文件和二进制码文件两种。ASCII 文件也称为文本文件，这种文件在磁盘中存放时每个字符对应一字节，用于存放对应的 ASCII 码。二进制文件是按二进制的编码方式来存放文件的。二进制文件虽然也可在屏幕上显示，但其内容无法读懂。C 语言系统在处理这些文件时，并不区分类型，都看成是字符流，按字节进行处理。输入/输出字符流的开始和结束只由程序控制，而不受物理符号（如回车符）的控制。因此，在 C 语言中，也把这种文件称作"流式文件"。这就导致 C 语言的输入/输出功能相当低级，即适用于操作系统底层的操作。作为一门应用广泛的语言，C 语言提供了许多用于文件输入/输出的标准库函数。调用这些函数需要包含 C 标准库的头文件 <stdio.h>。

使用 C 标准库里的文件进行操作的时候，都要用到文件型指针。因此，本章从文件指针开始，逐步介绍文件的打开和关闭以及如何对文件读写数据。

10.1 文件指针

在 C 语言中，关于文件操作有一个非常重要的结构 FILE。FILE 在 stdio.h 中定义如下：

```
typedef struct {
int level;
unsigned flags;
char fd;
unsigned char hold;
int bsize;
```

```
  unsigned char_FAR *buffer;
  unsigned char_FAR *curp;
  unsigned istemp;
  short token;
  } FILE;
```

这是一个对文件操作必须要有的结构体，这个结构体包含了文件操作的基本属性，对文件的操作都要通过这个结构体类型的指针来进行。

这个指针称为文件指针。通过文件指针就可对它所指的文件进行各种操作。定义说明文件指针的一般形式为：

```
  FILE *指针变量标识符；
  FILE *fp;
```

表示 fp 是指向 FILE 结构的指针变量，通过 fp 实施对文件的操作。习惯上也笼统地把 fp 称为指向一个文件的指针。

10.2 文件的打开和关闭

10.2.1 打开文件

C 语言规定，文件在进行读写操作之前要先打开，使用完毕要关闭。所谓打开文件，实际上是建立文件的各种有关信息，并使文件指针指向该文件，以便进行其他操作。关闭文件则断开指针与文件之间的联系，也就是禁止再对该文件进行操作。打开一个文件的函数是 fopen，其调用的一般形式为：

```
  文件指针名 = fopen(文件名，使用文件方式)；
```

其中，"文件指针名"必须是被说明为 FILE 类型的指针变量，"文件名"是被打开文件的文件名，"使用文件方式"是指文件的类型和操作要求。"文件名"是字符串常量或字符串数组。"使用文件方式"的意思是读一个文件还是写一个文件。根据不同的需要，打开的方式不一样。

文件使用方式由"r""w""a""t""b""+"6 个字符拼成。各字符的含义是 r(read)表示读，w(write)表示写，a(append)表示追加，t(text)表示文本文件可省略不写，b(banary)表示二进制文件，+表示读和写。这些字符可以拼写在一起，比如"rt"表示以只读方式打开一个文本文件，只允许读数据；"wt"表示以只写方式打开或建立一个文本文件，只允许写数据；"at"表示追加打开一个文本文件，并在文件末尾写数据；"rb"表示只读打开一个二进制文件，只允许读数据；"wb"表示只写打开或建立一个二进制文件，只允许写数据；"ab"表示追加打开一个二进制文件，并在文件末尾写数据；"rt+"表示读写打开一个文本文件，允许读和写；"wt+"表示读写打开或建立一个文本文件，允许读写；"at+"表示读写打开一个文本文件，允许读或在文件末尾追加数据；"rb+"表示读写打开一个二进制文件，允许读和写；"wb+"表示读写打开或建立一个二进制文件，允许读和写；"ab+"表示读写打开一个二进制文件，允许读或在文件末尾追加数据。

下面举几个与打开文件相关的代码段：

```
  FILE *fp;
```

```
Fp = fopen("filename", "r" );
```

其含义是在当前目录下打开文件 filename，只允许进行读操作，并使 fp 指向该文件。

```
FILE *fp = fopen ( "d:\\hello", "rb") ;
```

其含义是打开 D 驱动器磁盘的根目录下的文件 hello，这是一个二进制文件，只允许按二进制方式进行读操作。两个反斜线 "\\" 中的第 1 个表示转义字符，所以实际含义是 "D:\hello"。

```
FILE *fp = fopen("filename", "w");
```

其含义是打开当前目录下的文件 filename，只允许写操作，将打开的文件指针赋值给 fp。但是，以写方式打开文件还有一个用处，那就是如果需要打开的文件不存在，就创建一个文件。

```
if((fp = fopen("d:\\hello", "rb" ) == NULL ) {
  printf("\nerror on open d:\\hello file!");
  getch();
  exit(1);
}
```

在打开一个文件时，如果出错，fopen 将返回一个空指针值 NULL。在程序中可以用这一信息来判别是否完成打开文件的工作，并作相应的处理。因此常用上面的程序段打开文件，这段程序的含义是，如果返回的指针为空，表示不能打开 D 盘根目录下的 hello 文件，则给出提示信息"error on open d:\ hello file!"，下一行 getch()的功能是从键盘输入一个字符，但不在屏幕上显示。在这里，该行的作用是等待，只有当用户从键盘敲任一键时，程序才继续执行，因此用户可利用这个等待时间阅读出错提示。敲键后执行 exit(1)退出程序。

对于文件使用方式有以下几点说明。（1）凡用 "r" 打开方式打开一个文件时，该文件必须已经存在，且只能从该文件读出。（2）对于用 "w" 打开方式打开的文件，只能向该文件写入。若打开的文件不存在，则以指定的文件名建立该文件；若打开的文件已经存在，则将该文件删去，重建一个新文件。（3）若要向一个已存在的文件追加新的信息，只能用 "a" 方式打开文件。但此时该文件必须是存在的，否则将会出错。（4）把一个文本文件读入内存时，要将 ASCII 码转换成二进制码，而把文件以文本方式写入磁盘时，也要把二进制码转换成 ASCII 码，因此文本文件的读写要花费较多的转换时间。对二进制文件的读写不存在这种转换。（5）标准输入文件（键盘）、标准输出文件（显示器）、标准出错输出（出错信息）是由系统打开的，可直接使用。

10.2.2　关闭文件

文件的关闭是必不可少的操作，如果不关闭文件可能造成数据丢失等后果。文件的关闭相对来说要简单很多，只是调用一个函数而已。调用的格式为：

```
fclose(fp);
```

其中，fp 是文件指针。当顺利关闭后，返回 0；如果为非 0 值，则说明关闭有错误。

10.3 文件的读写

对文件的读和写是最常用的文件操作。在 C 语言中提供了多种文件读写的函数，主要包括字符读写函数 fgetc 和 fputc、字符串读写函数 fgets 和 fputs、数据块读写函数 fread 和 fwrite、格式化读写函数 fscanf 和 fprintf。本节主要介绍两类最常用的读写函数：字符串读写函数和数据块读写函数。

10.3.1 写文件

1. 写字符函数 fputc

fputc 函数的功能是把一个字符写入指定的文件中，函数原型为：

```
int fputs(const char *s, FILE *stream);
```

其中，待写入的字符量可以是字符常量或变量，例如 "fputc('a',fp);"，其含义是把字符 a 写入 fp 所指向的文件中。对于 fputc 函数的使用也要说明几点。（1）被写入的文件可以用写、读写、追加方式打开，用写或读写方式打开一个已存在的文件时将清除原有的文件内容，写入字符从文件首开始。如需保留原有文件内容，希望写入的字符从文件末尾开始存放，必须以追加方式打开文件。被写入的文件若不存在，则创建该文件。（2）每写入一个字符，文件内部位置指针向后移动一字节。（3）fputc 函数有一个返回值，如写入成功则返回写入的字符，否则返回一个 EOF，可以此来判断写入是否成功。

2. 写文件函数 fwrite

fwrite 与 fread 对应，其功能是向流中写指定的数据，原型是：

```
size_t fwrite (const void *ptr, size_t size, size_t n,  FILE *stream);
```

其中，参数 ptr 是要写入的数据指针，void* 的指针可用任何类型的指针来替换，如 char*、int * 等来替换；size 是每块的字节数；n 是要写的块数，如果成功，返回实际写入的块数（不是字节数）。本函数一般用于二进制模式打开的文件中。

【例 10-1】将第 8 章项目实战中的班级成绩写入到文件。

分析：每个学生对应一个结构体，里面有多个成员。所以，在写入文件的时候，不能使用写字符的函数。而 fwrite 函数具有很好的向文件中写一块数据的功能，因此，这里使用 fwrite 来实现。同时，为了说明问题，我们以 5 个学生的信息为例子，定义一个结构体数组。代码如例程 10-1 所示。

```
1    #include <stdio.h>
2    struct student {
3        int num;
4        char name[20];
5        float math,english,total,avg;
6    } scores [5] = {
7            { 101, "Li ping", 80, 90, 100, 100 },
8            { 102, "Zhang ping", 80, 90, 100, 100 },
9                { 103, "He fang", 80, 90, 100, 100 },
10               { 104, "Cheng ling", 80, 90, 100, 100},
11               { 105,   "Wang ming", 80, 90, 100, 100},
12       }
13   int main () {
14           FILE *fp;
15           int i;
```

例程 10-1 将学生成绩写入文件

```
16          fp = fopen("score", "w");
17          if (fp == null ) {
18              printf("open file error!\n");
19              exit(0);
20          }
21          for ( i = 0; i < 5; i++) {
22              fwrite(&scores [i], sizeof(struct student), 1, fp);
23          }
24          fclose(fp);
25      }
```

例程 10-1　将学生成绩写入文件（续）

在例程 10-1 中，为了模拟数据，第 6 行到第 12 行定义了一个结构体数组 scores，该数组保存了 5 个学生的信息。第 16 行调用函数 fopen，以只写方式打开文件。如果这是第 1 次打开，会在当前目录下（程序启动的目录）创建一个文件名为"score"的文件，并在第 17 行到第 20 行进行是否成功打开的判断。第 21 行到第 23 行依次遍历结构体数组中的元素，调用 fwrite 函数将每一个元素的内容写入到文件 score 中。最后，在第 24 行调用 fclose 函数关闭文件。

10.3.2　读文件

1．读字符函数 fgetc

fgetc 函数的功能是从指定的文件中读一个字符，其函数原型为：

```
char *fgets (char *s, int n,  FILE *stream);
```

例如"ch=fgetc(fp);"，其含义是从打开的文件 fp 中读取一个字符并存放到字符变量 ch 中。对于 fgetc 函数的使用有以下几点说明。（1）在 fgetc 函数调用中，读取的文件必须是以读或读写方式打开的。（2）读取字符的结果也可以不向字符变量赋值，例如"fgetc(fp);"，但是读出的字符不能保存。（3）在文件内部有一个位置指针，用来指向文件的当前读写字节。在文件打开时，该指针总是指向文件的第 1 个字节。使用 fgetc 函数后，该位置指针将向后移动一字节，因此可连续多次使用 fgetc 函数，读取多个字符。应注意文件指针和文件内部的位置指针不是一回事。文件指针是指向整个文件的，需在程序中定义说明，只要不重新赋值，文件指针的值是不变的。文件内部的位置指针用以指示文件内部的当前读写位置，每读写一次，该指针均向后移动，它不需在程序中定义说明，而是由系统自动设置的。

2．读文件函数 fread

从流中读指定个数的字符，函数原型是：

```
size_t fread(void *ptr, size_t size, size_t n, FILE * stream);
```

其中，参数 ptr 是保存读取的数据，void*的指针可用任何类型的指针来替换，如 char*、int*等来替换；size 是每块的字节数；n 是读取的块数，如果成功，返回实际读取的块数（不是字节数）。本函数一般用于二进制模式打开的文件中。

【例 10-2】将第 8 章项目实战中的班级成绩从文件中读出。

分析：已知文件名字和文件中存储的结构块信息，使用 fread 读取某一大小的数据就相对很方便。所需要做的就是声明一个结构体数组，然后通过 fread 函数读出数据并依次把它们保存到结构体数组中。例程 10-2 为其实现代码。

```
1    #include <stdio.h>
2    struct student {
3        int num;
4        char name[20];
5        float math,english,total,avg;
6    }
7    int main () {
8        FILE *fp;
9        struct student scores[5];
10       int i;
11       fp = fopen("score", "r");
12       if (fp == null ) {
13           printf("open file error!\n");
14           exit(0);
15       }
16       for ( i = 0; i < 5; i++) {
17           fread(&scores [i], sizeof(struct student), 1, fp);
18           printf("num = %d, name = %s, math= %f, english = %f, total=%f, avg=%f",
scores[i].num, scores[i].name, scores[i].math, scores[i].english, scores[i].total, scores[i].avg)
19       }
20       fclose(fp);
21   }
```

例程 10-2　将学生成绩从文件中读出

在例程 10-2 中，第 2 行到第 6 行定义了一个结构体数组，这个数组就是项目实战中的数组，读者应该很熟悉了。第 8 行声明一个文件指针，用于操作文件。第 11 行调用函数 fopen，以只读方式打开文件"score"。第 12 行到第 15 行判断是否成功打开文件，如果没有直接退出，因为接下来的操作都是建立在成功打开文件的基础上的。当然，也可以放到"else"语句里面实现。读者可以自己动手修改一下这段代码。第 16 行到第 19 行开始调用函数 fread 读文件，第 17 行利用 fread 函数将读出来的结果保存到结构体数组对应的元素中，并在第 18 行进行学生信息的打印。调用函数 fread 的方法很简单，读者按照函数的参数顺序依次安排好：用来存放读出数据的内存空间首地址，读出数据结构规模，连续读出的记录条目数量和文件指针。然后，将对应的参数传递给 fread 就可以了。

在使用完文件之后，应该调用函数 fclose 关闭文件，如第 20 行所示。

10.4 本章小结

通过本章的学习，读者应该了解了 C 语言中文件的概念。C 系统把文件当作一个"流"，按字节进行处理。C 文件按编码方式分为二进制文件和 ASCII 文件。C 语言中，用文件指针标识文件，当一个文件被打开时，可取得该文件指针。文件在读写之前必须打开，读写结束必须关闭。文件可按只读、只写、读写、追加 4 种操作方式打开，同时还必须指定文件的类型是二进制文件还是文本文件。文件可按字节、字符串、数据块为单位读写，也可按指定的格式进行读写。文件内部的位置指针可指示当前的读写位置，移动该指针可以对文件实现随机读写。

　　文件对于保存数据非常重要。本章从文件的基本数据结构文件指针开始，介绍了文件的基本概念，以及关于文件的基本操作，包括文件的打开、关闭，文件的读和写。这些基本操作都是通过调用系统函数来实现的。当然，文件操作相关的函数远远不止这些。读者应该在熟练掌握本章介绍的基本操作函数的基础上，继续了解更多的关于文件操作的函数。只有这样，才能熟练使用文件。

10.5 练习

　　习题 1：尝试利用 fread 和 fwrite 函数中的"条目数量"参数，修改例程 10-1 和例程 10-2，使这两个程序不使用循环语句就能完成现有功能。

　　习题 2：思考：何种情况下不能用上题的方法进行数据结构的读写操作？

　　习题 3：项目练习：为本书的学生信息管理例程添加数据读取和保存功能。

　　习题 4：为学生信息管理例程添加修改某条学生信息并保存该条记录的功能。

基本语法总结

附录一 | ASCII 码表

1. ASCII 字符表

ASCII 字符表上的数字 0～31 分配给了控制字符，用于控制像打印机等一些外围设备，例如，12 代表换页/新页功能，此命令指示打印机跳到下一页的开头；数字 32～126 分配给了能在键盘上找到的字符，查看或打印文档时就会出现；而数字 127 代表 DEL 命令。

ASCII 值	字符	ASCII 值	字符	ASCII 值	字符	ASCII 值	字符
0	NUT	16	DLE	32	(space)	48	0
1	SOH	17	DCI	33	!	49	1
2	STX	18	DC2	34	"	50	2
3	ETX	19	DC3	35	#	51	3
4	EOT	20	DC4	36	$	52	4
5	ENQ	21	NAK	37	%	53	5
6	ACK	22	SYN	38	&	54	6
7	BEL	23	TB	39	,	55	7
8	BS	24	CAN	40	(	56	8
9	HT	25	EM	41	)	57	9
10	LF	26	SUB	42	*	58	:
11	VT	27	ESC	43	+	59	;
12	FF	28	FS	44	,	60	<
13	CR	29	GS	45	-	61	=
14	SO	30	RS	46	.	62	>
15	SI	31	US	47	/	63	?

ASCII 值	字符	ASCII 值	字符	ASCII 值	字符	ASCII 值	字符
64	@	80	P	96	`	112	p
65	A	81	Q	97	a	113	q
66	B	82	R	98	b	114	r
67	C	83	S	99	c	115	s
68	D	84	T	100	d	116	t
69	E	85	U	101	e	117	u
70	F	86	V	102	f	118	v
71	G	87	W	103	g	119	w
72	H	88	X	104	h	120	x
73	I	89	Y	105	i	121	y
74	J	90	Z	106	j	122	z
75	K	91	[	107	k	123	{
76	L	92	/	108	l	124		
77	M	93	]	109	m	125	}
78	N	94	^	110	n	126	~
79	O	95	—	111	o	127	DEL

2. 扩展的 ASCII 字符

扩展的 ASCII 字符满足了用户对更多字符的需求。扩展的 ASCII 字符包含 ASCII 中已有的 128 个字符，此外又增加了 128 个字符，总共是 256 个。即使有了这些更多的字符，许多语言还是包含无法压缩到 256 个字符中的符号，因此，出现了一些 ASCII 的变体来囊括地区性字符和符号，例如，许多软件程序把 ASCII 表（又称作 ISO 8859-1）用于北美、西欧、澳大利亚和非洲的语言。

十 进 制	八 进 制	十 六 进 制	BIN	表 示 符 号
128	200	80	10000000	€
129	201	81	10000001	
130	202	82	10000010	,
131	203	83	10000011	*f*
132	204	84	10000100	„
133	205	85	10000101	…
134	206	86	10000110	†
135	207	87	10000111	‡
136	210	88	10001000	ˆ
137	211	89	10001001	‰

续表

十 进 制	八 进 制	十六进制	BIN	表 示 符 号
138	212	8A	10001010	Š
139	213	8B	10001011	‹
140	214	8C	10001100	Œ
141	215	8D	10001101	
142	216	8E	10001110	Ž
143	217	8F	10001111	
144	220	90	10010000	
145	221	91	10010001	'
146	222	92	10010010	'
147	223	93	10010011	"
148	224	94	10010100	"
149	225	95	10010101	•
150	226	96	10010110	–
151	227	97	10010111	—
152	230	98	10011000	~
153	231	99	10011001	™
154	232	9A	10011010	š
155	233	9B	10011011	›
156	234	9C	10011100	œ
157	235	9D	10011101	
158	236	9E	10011110	ž
159	237	9F	10011111	Ÿ
160	240	A0	10100000	
161	241	A1	10100001	¡
162	242	A2	10100010	¢
163	243	A3	10100011	£
164	244	A4	10100100	¤
165	245	A5	10100101	¥
166	246	A6	10100110	¦
167	247	A7	10100111	§
168	250	A8	10101000	¨
169	251	A9	10101001	©
170	252	AA	10101010	ª

十 进 制	八 进 制	十 六 进 制	BIN	表 示 符 号
171	253	AB	10101011	«
172	254	AC	10101100	¬
173	255	AD	10101101	
174	256	AE	10101110	®
175	257	AF	10101111	¯
176	260	B0	10110000	°
177	261	B1	10110001	±
178	262	B2	10110010	²
179	263	B3	10110011	³
180	264	B4	10110100	´
181	265	B5	10110101	µ
182	266	B6	10110110	¶
183	267	B7	10110111	·
184	270	B8	10111000	¸
185	271	B9	10111001	¹
186	272	BA	10111010	º
187	273	BB	10111011	»
188	274	BC	10111100	1/4
189	275	BD	10111101	1/2
190	276	BE	10111110	3/4
191	277	BF	10111111	¿
192	300	C0	11000000	À
193	301	C1	11000001	Á
194	302	C2	11000010	Â
195	303	C3	11000011	Ã
196	304	C4	11000100	Ä
197	305	C5	11000101	Å
198	306	C6	11000110	Æ
199	307	C7	11000111	Ç
200	310	C8	11001000	È
201	311	C9	11001001	É
202	312	CA	11001010	Ê
203	313	CB	11001011	Ë

十 进 制	八 进 制	十 六 进 制	BIN	表 示 符 号
204	314	CC	11001100	ì
205	315	CD	11001101	í
206	316	CE	11001110	î
207	317	CF	11001111	ï
208	320	D0	11010000	Đ
209	321	D1	11010001	Ñ
210	322	D2	11010010	Ò
211	323	D3	11010011	Ó
212	324	D4	11010100	Ô
213	325	D5	11010101	Õ
214	326	D6	11010110	Ö
215	327	D7	11010111	×
216	330	D8	11011000	Ø
217	331	D9	11011001	Ù
218	332	DA	11011010	Ú
219	333	DB	11011011	Û
220	334	DC	11011100	Ü
221	335	DD	11011101	Ý
222	336	DE	11011110	Þ
223	337	DF	11011111	ß
224	340	E0	11100000	à
225	341	E1	11100001	á
226	342	E2	11100010	â
227	343	E3	11100011	ã
228	344	E4	11100100	ä
229	345	E5	11100101	å
230	346	E6	11100110	æ
231	347	E7	11100111	ç
232	350	E8	11101000	è
233	351	E9	11101001	é
234	352	EA	11101010	ê
235	353	EB	11101011	ë
236	354	EC	11101100	ì
237	355	ED	11101101	í

十 进 制	八 进 制	十 六 进 制	BIN	表 示 符 号
238	356	EE	11101110	î
239	357	EF	11101111	ï
240	360	F0	11110000	ð
241	361	F1	11110001	ñ
242	362	F2	11110010	ò
243	363	F3	11110011	ó
244	364	F4	11110100	ô
245	365	F5	11110101	ō
246	366	F6	11110110	ö
247	367	F7	11110111	÷
248	370	F8	11111000	ø
249	371	F9	11111001	ù
250	372	FA	11111010	ú
251	373	FB	11111011	û
252	374	FC	11111100	ü
253	375	FD	11111101	ý
254	376	FE	11111110	þ
255	377	FF	11111111	ÿ

附录二 C 语言关键字

序 号	关 键 字	说 明
1	auto	声明自动变量
2	short	声明短整型变量或函数
3	int	声明整型变量或函数
4	long	声明长整型变量或函数
5	float	声明浮点型变量或函数
6	double	声明双精度变量或函数
7	char	声明字符型变量或函数
8	struct	声明结构体变量或函数
9	union	声明共用数据类型

续表

序　号	关　键　字	说　明
10	enum	声明枚举类型
11	typedef	用以给数据类型取别名
12	const	声明只读变量
13	unsigned	声明无符号类型变量或函数
14	signed	声明有符号类型变量或函数
15	extern	声明变量是在其他文件中声明
16	register	声明寄存器变量
17	static	声明静态变量
18	volatile	声明变量在程序执行中可被隐含地改变
19	void	声明函数无返回值或无参数，声明无类型指针
20	if	条件语句
21	else	条件语句否定分支(与 if 连用)
22	switch	用于开关语句
23	case	开关语句分支
24	for	一种循环语句
25	do	循环语句的循环体
26	while	循环语句的循环条件
27	goto	无条件跳转语句
28	continue	结束当前循环，开始下一次循环
29	break	跳出当前循环层
30	default	开关语句中的"缺省"分支
31	sizeof	计算数据类型长度
32	return	函数返回语句(可以带参数，也可不带参数)

附录三　C 语言运算符

优 先 等 级	符　号	说　明
1	()、 []、 -> 、.、!、 ++、 --	圆括号、方括号、指针、成员、逻辑非、自加、自减

优 先 等 级	符　　号	说　　明
2	*、&、~、!、+、-、sizeof、(cast)	取地址内容、地址运算、正负、位非、计算内存占用，类型转换
3	*、/、%	算术运算符
4	+、-	算术运算符
5	<<、>>	位运算符
6	<、<=、>、>=	关系运算符
7	==、!=	关系运算符
8	&	位与
9	^	位异或
10	|	位或
11	&&	逻辑与
12	||	逻辑或
13	?:	条件运算符
14	=、+=、-=、*=、/=、%=、&=、|=、^=	赋值运算符
15	,	逗号运算符

附录四　C 语言常用函数

1. 数学函数

使用数学函数时，应该在源文件中使用预编译命令：#include <math.h>或#include "math.h"。

序号	函数名	函数原型	功　　能	返　回　值
1	acos	double acos(double x)	计算 arccos x 的值，其中-1<=x<=1	计算结果
2	asin	double asin(double x);	计算 arcsin x 的值，其中-1<=x<=1	计算结果
3	atan	double atan(double x);	计算 arctan x 的值	计算结果
4	atan2	double atan2(double x, double y);	计算 arctan x/y 的值	计算结果
5	cos	double cos(double x);	计算 cos x 的值，其中 x 的单位为弧度	计算结果
6	cosh	double cosh(double x);	计算 x 的双曲余弦 cosh x 的值	计算结果
7	exp	double exp(double x);	求 e 的 x 次幂	计算结果

序号	函数名	函 数 原 型	功　　能	返　回　值
8	fabs	double fabs(double x);	求 x 的绝对值	计算结果
9	floor	double floor(double x);	求出不大于 x 的最大整数	该整数的双精度实数
10	fmod	double fmod(double x, double y);	求整除 x/y 的余数	余数的双精度实数
11	frexp	double frexp(double val,int *eptr);	把双精度数 val 分解成数字部分(尾数)和以 2 为底的指数，即 val=x*2n,n 存放在 eptr 指向的变量中的数字部分 x	数字部分 x 0.5<= x<1
12	log	double log(double x);	求 lnx 的值	计算结果
13	log10	double log10(double x);	求 $\log_{10}x$ 的值	计算结果
14	modf	double modf(double val, int *iptr);	把双精度数 val 分解成数字部分和小数部分，把整数部分存放在 ptr 指向的变量中	val 的小数部分
15	pow	double pow(double x, double y);	求 xy 的值	计算结果
16	sin	double sin(double x);	求 sin x 的值，其中 x 的单位为弧度	计算结果
17	sinh	double sinh(double x);	计算 x 的双曲正弦函数 sinh x 的值	计算结果
18	sqrt	double sqrt (double x);	计算 x 的二次方根，其中 x≥0	计算结果
19	tan	double tan(double x);	计算 tan x 的值，其中 x 的单位为弧度	计算结果
20	tanh	double tanh(double x);	计算 x 的双曲正切函数 tanh x 的值	计算结果

2．字符函数

在使用字符函数时，应该在源文件中使用预编译命令：#include <ctype.h> 或#include "ctype.h"。

序号	函数名	函 数 原 型	功　　能	返　回　值
1	isalnum	int isalnum(int ch);	检查 ch 是否是字母或数字	是字母或数字返回 1，否则返回 0
2	isalpha	int isalpha(int ch);	检查 ch 是否是字母	是字母返回 1，否则返回 0
3	iscntrl	int iscntrl(int ch);	检查 ch 是否是控制字符（其 ASCII 码在 0 和 0xlF 之间）	是控制字符返回 1，否则返回 0
4	isdigit	int isdigit(int ch);	检查 ch 是否是数字	是数字返回 1，否则返回 0
5	isgraph	int isgraph(int ch);	检查 ch 是否是可打印字符(其 ASCII 码在 0x21 和 0x7e 之间)，不包括空格	是可打印字符返回 1，否则返回 0
6	islower	int islower(int ch);	检查 ch 是否是小写字母（a～z）	是小写字母返回 1，否则返回 0
7	isprint	int isprint(int ch);	检查 ch 是否是可打印字符(其 ASCII 码在 0x21 和 0x7e 之间)，不包括空格	是可打印字符返回 1，否则返回 0
8	ispunct	int ispunct(int ch);	检查 ch 是否是标点字符（不包括空格），即除字母、数字和空格以外的所有可打印字符	是标点返回 1，否则返回 0

序号	函数名	函 数 原 型	功　　能	返　回　值
9	isspace	int isspace(int ch);	检查 ch 是否是空格、跳格符(制表符)或换行符	是返回 1，否则返回 0
10	isupper	int isupper(int ch);	检查 ch 是否是大写字母 (A~Z)	是大写字母返回 1，否则返回 0
11	isxdigit	int isxdigit(int ch);	检查 ch 是否是一个十六进制数字(即 0~9，或 A~F、a~f)	是返回 1，否则返回 0
12	tolower	int tolower(int ch);	将 ch 字符转换为小写字母	返回 ch 对应的小写字母
13	toupper	int toupper(int ch);	将 ch 字符转换为大写字母	返回 ch 对应的大写字母

3. 字符串函数

使用字符串函数时，应该在源文件中使用预编译命令：#include <string.h>或#include "string.h"。

序号	函数名	函 数 原 型	功　　能	返　回　值
1	memchr	void memchr(void *buf, char ch, unsigned count);	在 buf 的前 count 个字符里搜索字符 ch 首次出现的位置	返回指向 buf 中 ch 第一次出现的位置指针；若没有找到 ch，返回 NULL
2	memcmp	int memcmp(void *buf1, void *buf2, unsigned count);	按字典顺序比较由 buf1 和 buf2 指向的数组的前 count 个字符	buf1<buf2，为负数；buf1=buf2，返回 0；buf1>buf2，为正数
3	memcpy	void *memcpy(void *to, void *from, unsigned count);	将 from 指向的数组中的前 count 个字符复制到 to 指向的数组中。from 和 to 指向的数组不允许重叠	返回指向 to 的指针
4	memove	void *memove(void *to, void *from, unsigned count);	将 from 指向的数组中的前 count 个字符复制到 to 指向的数组中。from 和 to 指向的数组不允许重叠	返回指向 to 的指针
5	memset	void *memset(void *buf, char ch, unsigned count);	将字符 ch 复制到 buf 指向的数组的前 count 个字符中	返回 buf
6	strcat	char *strcat(char *str1, char *str2);	把字符串 str2 接到 str1 后面，取消原来 str1 最后面的串结束符 "\0"	返回 str1
7	strchr	char *strchr(char *str,intch);	找出 str 指向的字符串中第一次出现字符 ch 的位置	返回指向该位置的指针；如找不到，则应返回 NULL
8	strcmp	int * strcmp(char * str1, char *str2);	比较字符串 str1 和 str2	若 str1<str2，为负数；若 str1=str2，返回 0；若 str1>str2，为正数
9	strcpy	char *strcpy(char *str1, char *str2);	把 str2 指向的字符串复制到 str1 中	返回 str1
10	strlen	unsigned intstrlen(char *str);	统计字符串 str 中字符的个数(不包括终止符 "\0")	返回字符个数
11	strncat	char *strncat(char *str1, char *str2, unsigned count);	把字符串 str2 指向的字符串中最多 count 个字符连到串 str1 后面，并以 NULL 结尾	返回 str1

序号	函数名	函 数 原 型	功 能	返 回 值
12	strncmp	intstrncmp(char *str1,*str2, unsigned count);	比较字符串 str1 和 str2 中的前 count 个字符	若 str1<str2，为负数；若 str1=str2，返回 0；若 str1>str2，为正数
13	strncpy	char*strncpy(char *str1, *str2, unsigned count);	把 str2 指向的字符串中的最多前 count 个字符复制到串 str1 中	返回 str1
14	strnset	void *setnset(char *buf, char ch, unsigned count);	将字符 ch 复制到 buf 指向的数组的前 count 个字符中	返回 buf
15	strset	void *setset(void *buf, char ch);	将 buf 所指向的字符串中的全部字符都变为字符 ch	返回 buf
16	strstr	char *strstr(char *str1, *str2);	寻找 str2 指向的字符串在 str1 指向的字符串中首次出现的位置	返回 str2 指向的字符串首次出现的地址；若找不到，返回 NULL

4．输入和输出函数

在使用输入和输出函数时，应该在源文件中使用预编译命令：#include <stdio.h>或#include "stdio.h"。

序号	函数名	函 数 原 型	功 能	返 回 值
1	clearerr	void clearer(FILE *fp);	清除文件指针错误指示器	无
2	close	int close(int fp);	关闭文件（非 ANSI 标准）	关闭成功返回 0，不成功返回-1
3	creat	intcreat(char *filename, int mode);	以 mode 所指定的方式建立文件（非 ANSI 标准）	成功返回正数，否则返回-1
4	eof	int eof(int fp);	判断 fp 所指的文件是否结束	文件结束返回 1，否则返回 0
5	fclose	int fclose(FILE *fp);	关闭 fp 所指的文件，释放文件缓冲区	关闭成功返回 0，不成功返回非 0
6	feof	int feof(FILE *fp);	检查文件是否结束	文件结束返回非 0，否则返回 0
7	ferror	int ferror(FILE *fp);	测试 fp 所指的文件是否有错误	无错返回 0，否则返回非 0
8	fflush	int fflush(FILE *fp);	将 fp 所指的文件的全部控制信息和数据存盘	存盘正确返回 0，否则返回非 0
9	fgets	char *fgets(char *buf, int n, FILE *fp);	从 fp 所指的文件读取一个长度为(n-1)的字符串，存入起始地址为 buf 的空间	返回地址 buf，若遇文件结束或出错则返回 EOF
10	fgetc	int fgetc(FILE *fp);	从 fp 所指的文件中取得下一个字符	返回所得到的字符，若出错返回 EOF
11	fopen	FILE *fopen(char *filename, char *mode);	以 mode 指定的方式打开名为 filename 的文件	成功则返回一个文件指针，否则返回 0

序号	函数名	函 数 原 型	功　　能	返　回　值
12	fprintf	int fprintf(FILE *fp, char *format,args,,,);	把 args 的值以 format 指定的格式输出到 fp 所指的文件中	实际输出的字符数
13	fputc	int fputc(char ch, FILE *fp);	将字符 ch 输出到 fp 所指的文件中	成功则返回该字符，出错返回 EOF
14	fputs	int fputs(char str, FILE *fp);	将 str 指定的字符串输出到 fp 所指的文件中	成功则返回 0，出错返回 EOF
15	fread	int fread(char *pt, unsigned size, unsigned n, FILE *fp);	从 fp 所指定的文件中读取长度为 size 的 n 个数据项，存到 pt 所指向的内存区	返回所读的数据项个数，若文件结束或出错返回 0
16	fscanf	int fscanf(FILE *fp, char *format,args,,,);	从 fp 指定的文件中按给定的 format 格式将读入的数据送到 args 所指向的内存变量中(args 是指针)	返回输入的数据个数
17	fseek	int fseek(FILE *fp, long offset, int base);	将 fp 指定的文件的位置指针移到以 base 所指出的位置为基准、以 offset 为位移量的位置	返回当前位置，若出错返回-1
18	ftell	long ftell(FILE *fp);	返回 fp 所指定的文件中的读写位置	返回文件中的读写位置，若出错返回 0
19	fwrite	int fwrite(char *ptr, unsigned size, unsigned n, FILE *fp);	把 ptr 所指向的 n*size 个字节输出到 fp 所指向的文件中	返回写到 fp 文件中的数据项的个数
20	getc	int getc(FILE *fp);	从 fp 所指向的文件中读出下一个字符	返回读出的字符，若文件出错或结束返回 EOF
21	getchar	int getchar();	从标准输入设备中读取下一个字符	返回字符，若文件出错或结束返回-1
22	gets	char *gets(char *str);	从标准输入设备中读取字符串存入 str 指向的数组	成功返回 str，否则返回 NULL
23	open	int open(char *filename, int mode);	以 mode 指定的方式打开已存在的名为 filename 的文件(非 ANSI 标准)	返回文件号(正数)，如打开失败返回-1
24	printf	int printf(char *format, args,,,);	在 format 指定的字符串的控制下，将输出列表 args 的值输出到标准设备	输出字符的个数，若出错返回负数
25	prtc	int prtc(int ch, FILE *fp);	把一个字符 ch 输出到 fp 所指的文件中	输出字符 ch，若出错返回 EOF
26	putchar	int putchar(char ch);	把字符 ch 输出到 fp 标准输出设备	返回换行符，若失败返回 EOF
27	puts	int puts(char *str);	把 str 指向的字符串输出到标准输出设备，将 "\0" 转换为回车行	返回换行符，若失败返回 EOF

序号	函数名	函 数 原 型	功　　能	返 回 值
28	putw	int putw(int w, FILE *fp);	将一个整数 i(即一个字)写到 fp 所指的文件中(非 ANSI 标准)	返回读出的字符，若文件出错或结束返回 EOF
29	read	int read(int fd, char *buf, unsigned count);	从文件号 fp 所指定的文件中读 count 个字节到由 buf 指示的缓冲区(非 ANSI 标准)	返回真正读出的字节个数，如文件结束返回 0，出错返回-1
30	remove	int remove(char *fname);	删除以 fname 为文件名的文件	成功返回 0，出错返回-1
31	rename	int rename(char *oname, char *nname);	把 oname 所指的文件名改为由 nname 所指的文件名	成功返回 0，出错返回-1
32	rewind	void rewind(FILE *fp);	将 fp 指定的文件指针置于文件头，并清除文件结束标志和错误标志	无
33	scanf	int scanf(char * format, args,,,);	从标准输入设备按 format 指示的格式字符串规定的格式，输入数据给 args 所指示的单元。args 为指针读入并赋给 args 的数据个数	如文件结束返回 EOF，若出错返回 0
34	write	int write(int fd, char *buf, unsigned count);	从 buf 指示的缓冲区输出 count 个字符到 fd 所指的文件中(非 ANSI 标准)	返回实际写入的字节数，如出错返回-1